-시설물 노후화 대비-

철근콘크리트
부식 및 방식 실무

송 창 영 저

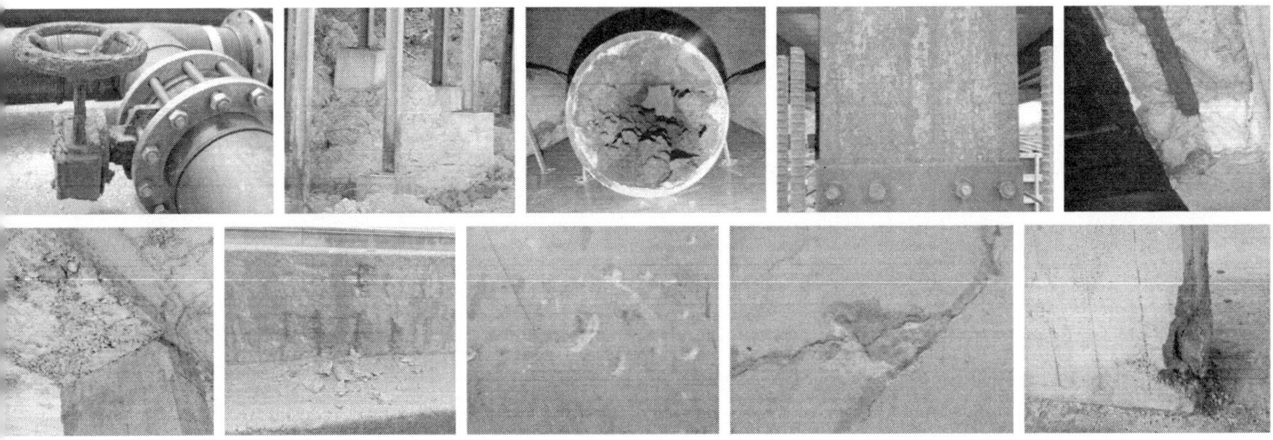

기 문 당

머리말

Preface

콘크리트의 부식에 대한 문제는 건설 산업을 비롯한 산업 전반에 결쳐 발생하는 매우 광범위한 것으로 과학기술의 고도화와 함께 더욱 복잡화·다양화되고 있으며, 이에 따라 부식의 원인에 대한 근원적인 이해는 이를 방지하는 방식기술을 연구하는 데 있어 필수적이라 할 수 있습니다. 현재 철근콘크리트 구조물의 법적 내용년수는 최소 60년 이상이지만, 중성화나 염해, 알칼리골재반응 등에 의한 철근의 부식으로 인해 내용년수가 극도로 저하되고, 구조물의 노후화가 촉진되고 있습니다. 또한 철근콘크리트 구조물의 성능저하 및 노후화로 인해 인명과 경제적 손실 등의 사회적 문제가 지속적으로 발생되고 있으며, 특히 부산, 울산지역등 바다에 인접해 있는 구조물은 해수 등의 영향으로 염분이 구조물에 흡착되어 균열 발생, 수명 감소, 염해로 인한 구조물 붕괴, 콘크리트 중성화 등 다양한 위험요소를 가지고 있습니다.

이에 본서는 콘크리트 부식 및 방식 분야에 관련된 연구자와 기술자들이 기본적으로 활용할 수 있는 유익한 정보를 제공하고, 일반인에게는 부식과 방식에 대해 쉽게 이해하고 관심을 가질 수 있도록 구성하였습니다. 그리고 콘크리트의 장수명화를 위해 철근의 부식·방식의 원리를 이해하고, 부식 손상 사례와 해석을 통해 방식에 대한 인식을 넓히도록 다양한 정보를 포함하였으며, 콘크리트 재료의 환경을 개선하기 위한 다양한 사례와 방안을 다루었습니다. 본서의 특징은 다음과 같습니다.

1. 콘크리트 부식 및 방식에 대한 초보자부터 전문가까지 모두 활용 가능한 다양한 사례를 포함하고 있다.
2. 철근 부식의 영향 요인과 중성화 등 심도 깊은 내용으로 실무에 필수적인 내용을 다루고 있다.
3. 대기, 담수환경, 해수환경, 토양환경 등 환경적 요소에 따라 발생되는 부식의 특성과 영향을 다루고 있다.
4. 콘크리트의 열화진단 및 성능저하의 요인을 분석하고, 방식공법을 통해 콘크리트의 장수명화를 위한 다양한 지식을 포함하고 있다

비록 많은 노력과 시간을 들여 책을 출간하게 되었으나 미흡하고 아쉬운 부분도 있기에 앞으로 수정 · 보완을 위해서라도 관련 전문가들의 많은 지도편달을 부탁하는 바입니다.

끝으로 본서가 출판되기까지 많은 협조와 배려를 해주신 기문당 출판사 강해작 사장님께 감사드리며, (재)한국재난안전기술원 연구진과 저에게 항상 용기와 인내할 힘을 준 사랑하는 가족에게 고마움을 표합니다.

송 창 영

차 례

Contents

3. 부식과 환경/57

4. 열화진단의 개요/125

5. 방식공법/147

1. 부식의 기초

제1장에서는 부식에 대한 포괄적 내용에 대해 기초적 이해를 돕기 위해 부식의 이론적 내용을 다루었으며, 특히 최근 철근콘크리트 구조물의 내구성 평가를 위한 체계적인 접근에 발맞춰 철근의 부식 진단조사에 대한 기본적 방법을 소개한다.

1.1 부식의 정의

물질(금속)을 화합물(광석)의 상태로부터 얻기 위해서는 외부로부터의 에너지가 필요하다. 즉 에너지 준위가 낮은 화합물(광석)은 외부로부터 에너지를 받아 에너지 준위가 높은 물질(금속) 상태로 존재하게 된다.

그러나 자연상태에서는 에너지 준위가 낮을수록 더욱 안정적이므로 물질(금속)은 외부로 에너지를 방출하고 보다 에너지 준위가 낮은 상태, 더욱 안정된 상태(화합물)로 되돌아가려는 성질을 가진다.

이와 같이 에너지 준위가 높은 물질에서 에너지 준위가 낮은 화합물로 되돌아가는 과정에서 물질 자체가 변질되거나 물질의 특성이 변화되는 것을 부식이라 한다. 이를 정리하면, 부식은 다음과 같이 정의할 수 있다.

"물질이 주위 환경과 반응하여 물질 자체가 변질되거나 혹은 물질의 특성이 변질되는 것을 부식이라고 한다."

부식은 부식환경에 따라 습식부식(wet corrosion)과 건식부식(dry corrosion)으로 분류된다.

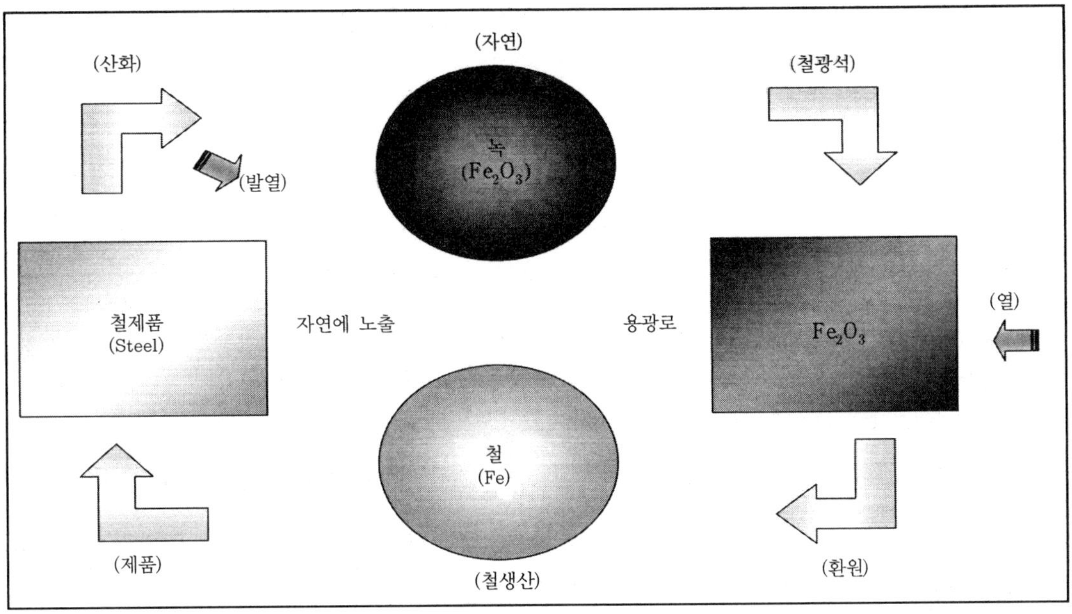

그림 1-1. 철의 부식이론

건식부식과 습식부식을 좀 더 화학적인 용어로 표현하면 다음과 같다. 재료가 전기화학적 반응에 의하여 전자를 발생시키면서 양이온화되고, 양이온이 수용액에 들어가 재료의 용해가 일어나 부식되는 것은 습식부식, 양이온이 재료표면에서 산소음이온 등 다른 이온과 반응하여 산화물 등을 형성하면 이를 건식부식이라고 한다.

양이온화되지 않고 기계적으로만 재료가 손상되는 현상, 즉 침식이나 마모 등은 부식현상으로 볼 수 없다. 이처럼 부식은 전기화학적 반응에 의해 발생하는데, 이 과정에서 요구되는 사항은 다음과 같다.

① 양극과 음극이 존재하여 전지(Cell)를 형성해야 한다.

② 양극과 음극이 전기적으로 연결되어야 한다.

③ 액체가 전해액으로 작용하여 양극에서는 산화 반응이 일어나며, 금속이온이 용해하여 용액 속으로 들어간다.

Check point!

부식은 부식환경에 따라 습식부식, 건식부식으로 분류된다.

1.2 부식 및 방식의 중요성

최근 금속재료 사용이 다양화되면서 부식환경도 심각해져 부식문제가 점차 확대되고 있으며, 그에 따라 각 국가별 부식 손실액이 증가하고 있는 추세이다. 그러나 이러한 손실액 산정은 방식대책에 소요되는 직접손실금액을 나타낸 것으로 정확한 평가가 곤란한 간접적인 손실까지 고려한다면 부식으로 인한 손해는 실로 막대하다.

1990년대부터 2013년까지 수많은 인명피해와 재산손실을 가져온 성수대교 붕괴, 삼풍백화점 붕괴, 각종 가스누출 및 폭발사고, 당산철교 철거 등도 부식에 대한 직·간접적인 영향이 있고, 지하 유류탱크와 하수관 등의 부식은 환경오염에 큰 영향을 끼친다. 하지만 우리나라에는 부식과 방식에 대한 인식이 아직도 미비한 편이어서 이와 같은 손실에 대한 대책수립에 소홀한 점이 많다. 또한 중요한 점은 지금까지 연구·개발된 방식기술만이라도 효과적으로 적용한다면 부식으로 인한 경제적인 손실액을 약 25% 절감 가능하다.

따라서 선진국에서는 기존 방식기술을 충분히 보급하는 것이 국가 경제발전에 주요한 과제가 된다는 것을 인식하고 있으며, 우리나라 역시 국가적 차원에서 부식에 대한 이론교육은 물론, 전문연구기관의 교육을 통한 우수한 방식기술자의 양성이 필요하다.

1.3 부식 메커니즘

1.3.1 부식 전극반응

주변에서 흔히 볼 수 있는 부식현상은 못 같은 철제금속이 물 속에 침지되었을 때 붉은녹이 표면에 발생한다. 그러나 똑같은 못을 상온에서 공기 중에 노출시켰을 때는 표면에 부식으로 인한 녹의 발생은 거의 볼 수 없다. 이 두 가지 경우에서 우리는 금속이 수용액 중에서는 부식이 쉽게 일어남을 알 수 있다. 공기 중에 노출된 경우에는 화학적 에너지가 산화반응을 일으키기에 충분한 온도가 되지 못해 부식반응이 일어나지 않은 것이며, 수용액에 침지된 경우에는 상온에서도 수용액에 의해 전기화학적 에너지가 작용하여 부식반응이 쉽게 일어나기 때문이다.

못이 수용액 중에서 일으킨 부식반응은 일상생활용수인 경우 pH7 정도의 중성수에 가까우며, 이 경우는 일반적으로 수용액 중에 용해된 산소의 환원반응에 의하여 금속이 이온화되어 일어난 반응으로 다음과 같은 화학반응식으로 표현된다.

$Fe \rightarrow Fe^{2+} + 2e$ (Anodic Reaction)

$1/2\ O_2 + H_2O + 2e \rightarrow 2OH^-$ (Cathodic Reaction)

$Fe + 1/2\ O_2 + H_2O \rightarrow Fe(OH)_2$ (NetReaction)

이와 같이 모든 부식반응은 금속의 산화반응과 수용액의 환원반응과 같은 두 개의 반전지(Half Cell) 반응의 조합에 의하여 이루어진다.

산화와 환원의 관점에서 본다면 금속부식은 금속이 이온화하면서 양극에서 잃게 되는 전자를 환원반응을 하는 음극에서 흡수하는 완전한 전기적 회로(Circuit)를 이룰 때 일어난다. 수용액에서 부식되는 금속의 반전지(Half Cell) 반응식을 일반화하면 다

Check point!
모든 부식반응은 금속의 산화반응과 수용액의 환원반응과 같은 두 개의 반전지 반응의 조합으로 이루어진다.

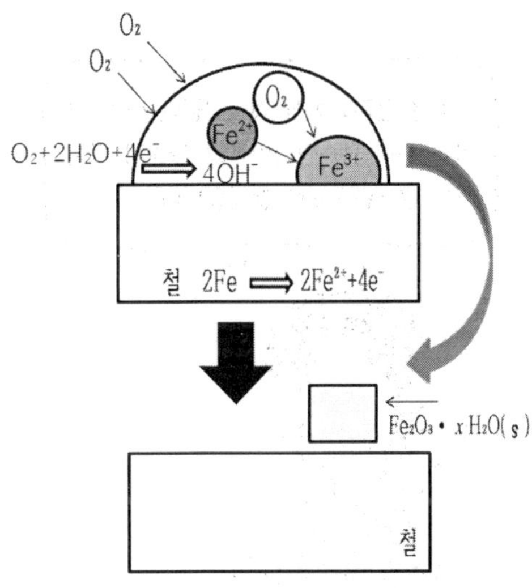

그림 1-2. 부식의 원리

음과 같은 3가지 유형으로 나타난다.

$$M = M^{n+} + ne^- \qquad \text{(Aqueous Cation)}$$

$$M + nH_2O = M(OH)_n + nH^+ + ne^-$$

(Metal Hydroxide)

$$M + nH_2O = MO_n^{n-} + 2nH^+ + ne^-$$

(Aqueous Anion)

1.3.2 부식의 전기화학적 메커니즘

부식의 전기화학적 특징을 이해하기 위하여 아연이 염산용액과 반응하여 가용성의 염화아연을 생성하면서 표면에서 수소기체를 발생하는 과정을 살펴보면 다음과 같다.

$$Zn + 2HCl = Zn^{2+} + 2Cl^- + H_2(g)$$

$$Zn + 2H^+ = Zn^{2+} + H_2(g)$$

Anode (음극) : $Zn = Zn^{2+} + 2e$

Cathode(양극) : $2H^+ + 2e = H_2(g)$

이 반응은 산화(oxidation)가 일어나는 양극반응(anodic reaction)과 환원(reduction)이 일어나는 음극반응(cathodic reaction)으로 분리된다.

㉠ 양극반응으로 정의되는 아연의 산화반응은 $Zn \rightarrow Zn^{2+} + 2e^-$으로 아연의 원자가가 0으로부터 +2로 증가하면서 전자를 방출하게 된다.

㉡ 음극반응으로 정의되는 수소의 환원반응은 $2H^+ + 2e^- \rightarrow H_2$로 수소가 +1로부터 0으로 감소되면서 전자를 소비하며, 이 두 반응은 아연 표면에서 동시에 반드시 같은 속도로 발생한다.

1.4 부식의 종류

금속은 일정한 상태로 돌아가는 경향이 있고 수분과 공기 중의 산소와 결합하여 화학적 또는 전기화학적 반응에 의해 표면에서 소모되는 현상을 부식이라 한다. 부식은 형태, 발생기구, 환경 등에 의해 그림 1-3과 같이 분류한다.

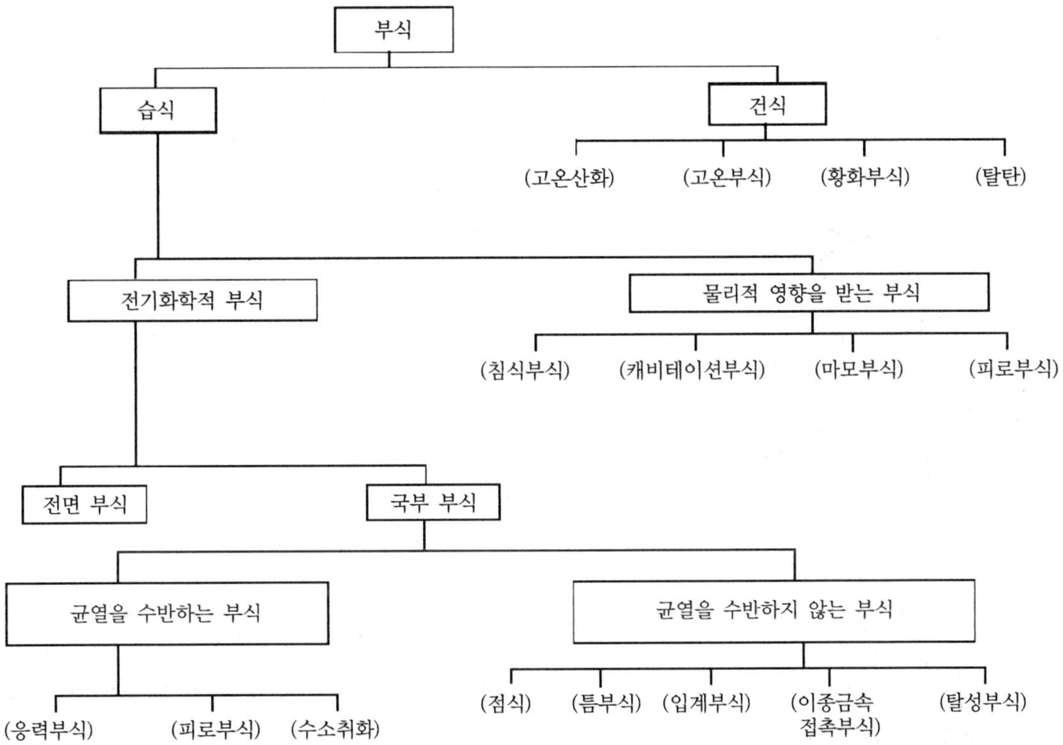

그림 1-3. 부식의 종류

물리적 영향에 의한 재료 손상으로 물리적 부식 형태는 엄밀한 의미에서 부식으로 정의할 수 없으나 물리적 영향으로 산화물피막이 손상되고 또 손상 면에서 새로운 산화반응으로 부식이 진행되므로 부식의 한 분야에 포함시킨다. 물리적 영향에 의한 부식 형태를 살펴보면 다음과 같다.

Check point!

물리적 영향을 받는 침식부식의 경우 고유속의 흐름이 있을 때 곡면부나 와류형성부에서 부식피막 손상으로 발생한다.

1) 침식부식(erosion corrosion)

습도와 물리적 영향을 받는 침식부식은 유속의 흐름이 빠를 때 곡면부나 와류형성부에서 부식피막 손상으로 발생한다. 특징으로는 침식부에 부식생성물이 없이 밝은 빛을 낸다. 부식을 막기 위한 대책으로는 유속 조절, 내식성 재료 사용, 환경개선(부식억제제, 산소농도 등) 등이 있다.

• 침식부식의 특성

① 침식부식에 의한 금속재료 손상은 용액 운동방향과 평행하게 표면 손상이 나타나며, 일반적으로 깊은 홈이 파이거나 불균일한 침식, 또는 파형 형태로 나타나게 된다.

② 부식액 유동이 난류(Turbulent Flow)일 때 주로 발생되므로 난류부식으로 불리기도 하며, 금속 표면에 부식액이 분출되는 형태로 충돌하는 경우에는 충격부식(Impingement Corrosion)이라고도 한다.

③ 대부분의 금속에서 발생할 수 있으며, 금속이 갖는 표면피막 성질과 관계 있다. 즉 대부분의 금속은 부식환경에서 표면에 부동태피막이나 부식생성물에 의한 피막을 형성하게 되는데, 이러한 피막이 부식매체 유동에 의해 파손되어 금속이 부식환경에 노출되어 급속한 부식이 진행된다. 황산용액 중에서 스테인리스강 표면에 형성되는 부동태피막이나 납의 표면에 형성되는 PbS, PbO 등의 보호피막은 침식부식 환경에서 쉽게 파손되므로 재료의 내식성이 현저하게 저하된다. 따라서 표면피막이 강하고, 조밀하고, 접착력이 좋고, 연속적으로 형성되어 있을 때, 내(耐)침식부식성이 좋게 된다. 일단 침식부식에 의한 보

호피막이 파손되는 경우에도 보호피막의 재생 속도가 빠르면 내침식 부식성도 좋게 된다.

2) 마모부식(friction corrosion)

습도와 물리적인 영향을 받는 금속의 마찰부에서 피막이 손상되면서 부식이 진행되는 현상이다(그림 1-4 참조). 부식을 방지하기 위한 대책으로는 내식성 재료 선택, 윤활, 부식억제제 등이 있다.

Check point!
마모부식은 금속의 마찰부에서 피막이 손상되면서 부식이 진행되는 현상이다.

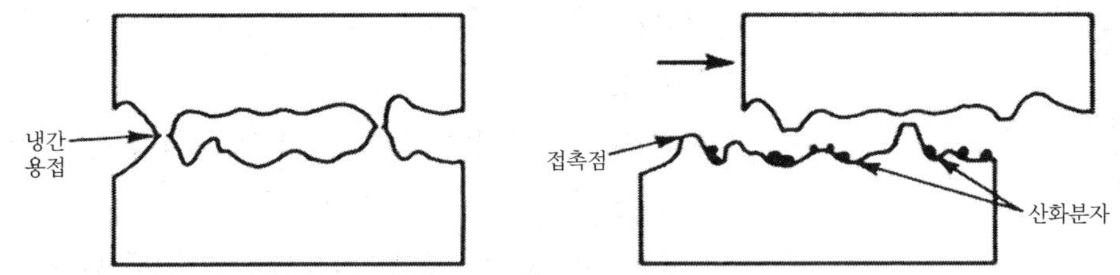

(a) 마모 · 산화기구이론의 도식적 설명 I

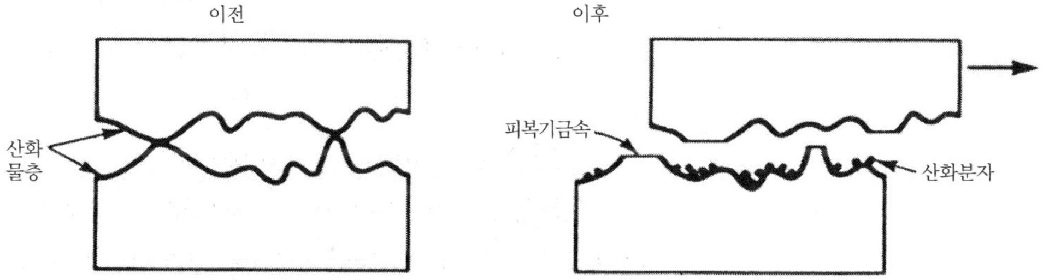

(b) 산화 · 마모기구이론의 도식적 설명 II

그림 1-4. 마찰부식의 발생 모형

3) 캐비테이션부식(cavitation corrosion)

캐비테이션부식은 침식부식의 특수한 형태로써 액체의 빠른 유속과 부식작용이 복합적으로 작용하여 생기는 것이다.

부식은 부식액의 속도 U가 매우 커서 베르누이 법칙($P+\rho\nu^2/2=\text{Constant}$)에 의한 정압력 P가

액체의 증기압보다 낮을 때 액체 내의 기포가 발생되는 것을 말하며, 발생된 기포는 금속 표면에서 터지면서 큰 충격을 주게 되며, 이 때문에 부동태피막이 파괴되고 소지 금속도 손상을 받게 된다.

캐비테이션부식은 단순히 기계적 작용만은 아니며 부동태피막의 파손에 따른 소지 금속의 부식 및 부동태피막 재형성 등의 전기화학적 작용도 함께 이루어지는 것이다.

캐비테이션부식에 있어서 전기화학적 역할은 대부분의 금속과 합금이 청정수보다 해수에서 훨씬 높은 손실을 보인다는 결과로부터 알 수 있다. 이러한 전기화학적 활동도 증가에 대한 메커니즘은 대략 다음과 같다.

① Cavity 주위의 국부적인 용액 흐름이 높은 질량 이동속도를 형성한다.
② Cavity로부터 외부로 기체가 확산되어 나간다.
③ 용액에서 반응성이 높은 물질이 형성된다.
④ 부동태피막이 기계적으로 파괴되어 반응성이 높은 금속 표면을 노출시킨다.

4) 접촉진동부식(fretting corrosion)

접촉진동부식은 접촉면에 수직압력이 작용하고 윤활제가 없으면 진동에 의해 서로 움직이고 있는 2개의 고체, 이 중 1개 또는 2개가 금속인 계면에서 일어난다.

한쪽 표면의 요철이 다른 표면의 산화물층을 벗겨내며 노출된 금속은 다시 산화되고 새로 생성된 산화물은 다시 떨어져 나간다.

이러한 과정에서 습기(수분)는 필요하지 않고 산소가 필요하다. 습기는 오히려 침식을 지연시키는 효과가 있는데, 이는 수화된 산화물이 산화물보다도 부드러우므로 윤활작용을 하기 때문이다. 따라서

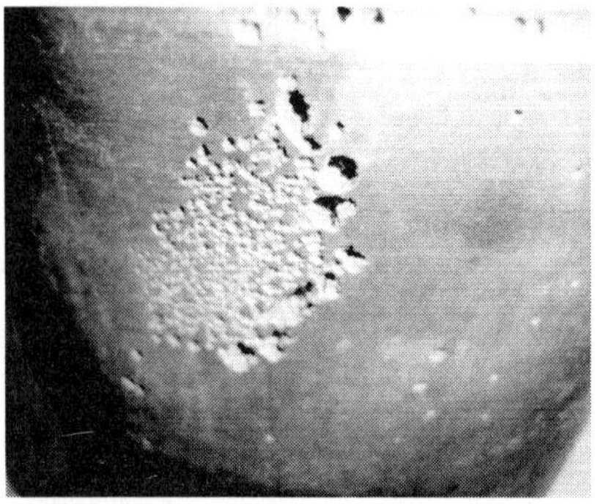

그림 1-5. 캐비테이션부식의 상태

철의 부식은 전기화학적이라기 보다는 순수한 화학적이라 할 수 있다. 부식생성물이 수산화물이 아니라 산화물(강의 경우 Fe_2O_3)이라는 것이 접촉진동부식의 특징이다.

접촉진동부식이란?
접촉면에 수직압력이 작용하고 윤활제가 없으면 진동에 의해 서로 움직이고 있는 2개의 고체, 이 중 1개 또는 2개가 금속인 계면에서 일어납니다.

5) 응력부식(stress corrosion)

습도에 영향을 받으며 균열을 수반하는 응력부식은 재료, 환경, 인장능력의 3가지 조건이 갖추어질 때 금속 표면의 부식피막이 손상되며, 이러한 피막손상부가 소양극-대음극의 양극반응으로 인해 집중적으로 부식한다.

이때 부식이 진행되면서 그 균열을 만들 때 응력부식 균열(stress corrosion cracking : SCC)이라 한다.

• 응력부식 균열(SCC)의 특징

① 전면 부식이 생기지 않는 표면에서 복수균열 발생
② 균열 단면에서 균열 분기(分岐)를 반복하며 전파
③ 입자내 부식 균열과 임계응력부식 균열이 있음.
④ 점식과 틈새 부식부를 기점으로 발생하는 경우와 표면에서 직접 발생하는 경우가 있음.
⑤ 부식을 막기 위한 대책으로는 열처리로 응력제거, 환경개선(온도, ph 등), 표면에서 환경차단(도장, 라이닝 등) 있음.

Check point!
응력부식은 습도의 영향을 받고 균열을 수반하며 재료, 환경, 인장 능력의 3가지 조건이 갖추어질 때 금속 표면의 부식피막이 손상된다.

6) 피로부식(fatigue corrosion)

습도에 영향을 받으며 균열을 수반하는 피로부식은 부식환경과 반복응력의 조합으로 인해 나타나는 부식형태이다. 즉 반복응력에 의해 부식피막이 교호로 파괴되며 부식이 진행되기 때문에 부식된 파단면은 파형(波形)을 이루며 진행된다.

피로부식으로 발생하는 균열은 피로부식 균열

(Fatigue corrosion cracking : FCC)이라 한다. 이러한 FCC가 피로한도(Fatigue Limit)에 이르면 재료는 순간적으로 파괴(Fatigue fracture)된다.

• 피로부식 균열(FCC)의 특징

① SCC와 같이 전면 부식이 생기지 않는 표면에서 발생할 수 있음.

② 균열의 단면은 분기(分岐)가 적고 직선적임.

③ 균열은 응력집중부에서 발생함.

④ 부식을 막기 위한 대책으로는 내식성 재료 선택, 환경의 부식성 개선, 표면처리(도장, 라이닝), 전기방식 등이 있음.

7) 전면부식(general corrosion)

습도에 영향을 받는 전면부식은 부식환경의 영향에 의해 전면에서 일정률로 부식되는 부식형태를 일명 균일부식이라고도 한다. 일반적으로 수중에서의 철, 산 중에서의 많은 금속 혹은 고온산소 등에서는 거의 전면이 균일하게 침식되므로 이를 전면 부식이라 한다. 이 형태의 부식은 수명을 정확히 계산해 낼 수 있기 때문에 기술적인 면에서 크게 관심을 끌지 못한다.

8) 점식(pitting)

습도에는 영향을 받지만 균열을 수반하지 않는 점식(또는 공식)은 내식성과 전면 부식의 중간단계를 볼 수 있다. 따라서 내식성 재료에서 주로 나타나는 국부부식의 대표적이라 할 수 있다. 점식은 양극반응의 특수형태로 틈 부식과 유사한 점이 많다. 즉 자기 증식(self propagating)에 의한 자기촉매(autocatalytic)작용이다. 또한 점식에는 개방형과 밀폐형이 있다. 개방형 점식은 식공(pit) 내의 용액

Check point!

습도에 영향을 받는 전면부식은 부식환경의 영향에 의해 전면에서 일정률로 부식되는 부식형태를 일명 균일부식이라고도 한다.

이 외부로 유출되기 쉬우며, 내면은 재부동태화하며 공식이 정지하기 쉽다. 그러나 밀폐형 점식은 외부로부터 Cl^-이온이 식공 내부로 침입·농축되어 용액의 pH는 저하하고 점식이 성장해가는 형태이며, 다음은 밀폐형 점식의 반응식이다.

양극 반응 ; $M \rightarrow M^+ + e^-$

음극 반응 ; $O_2 + 2H_2O + 4e^- \rightarrow 4OH^-$

이러한 반응이 진행되면 식공 내에서 M^+이온이 증가하므로 전기적 중심이 유지되기 위해서는 외부로부터 Cl^-이온이 침입하여 $M + Cl^-$가 형성된다. 이 염은 가수분해하여 HCl로 되고, pH는 1.3~1.5까지 저하되어 점식이 확대된다.

$$HCl + H_2O \rightarrow MOH + HCl$$

9) 틈부식(crevice corrosion)

틈부식은 금속과 금속 또는 금속과 비금속이 미세한 틈을 두고 접촉되어 있는 경우나 흠집이 있는 경우 여기에 전해질 수용액이 들어가면 국부적으로 전지가 형성되므로 그 양극부가 급격히 부식되는 현상으로 덕트이음부, 금속판의 겹침부, 플랜지 체결 부위 등에서 흔히 볼 수 있다. 이전에는 틈새 내부와 그 외부 사이에 금속이온과 O_2의 농도 차이에만 기인한다고 생각했기 때문에 극간 부식을 틈부식으로 분류하였으나 최근에는 금속이온과 O_2의 농도 차이만이 주된 원인이라고 보지 않아 배제하였다. 틈이 있는 금속이 수용액에 놓이게 되면 다음과 같은 용해반응(양극반응)과 산소의 환원반응(음극반응)이 일어난다.

양극반응 : $M \rightarrow M^+ + e$

음극반응 : $O_2 + 2H_2O + 4e \rightarrow 4OH^-$

점식이란?
양극반응의 특수한 형태로 틈부식과 유사한 점이 많습니다.
즉 자기증식에 의한 자기촉매작용입니다.
점식에는 개방형과 밀폐형이 있습니다.

Check point!
틈부식은 금속과 금속 또는 금속과 비금속이 미세한 틈을 두고 접촉되어 있는 덕트이음부, 금속판의 겹침부, 플랜지의 체결부위 등에서 볼 수 있다.

두 금속의 접촉 초기에는 틈새의 내·외부에서 두 반응이 균일하게 진행되지만 시간이 경과하면 틈의 내부로 용액 이동이 어려워져 틈의 내부에는 음극반응에 의해 산소가 고갈된다. 따라서 틈의 내부에서는 산소의 환원반응이 중지되지만 전체적인 부식 거동에는 영향을 주지 않는다. 내부 면적은 외부 면적에 비해 매우 적어 전체 산소 환원반응 속도는 일정하기 때문이다.

10) 이종금속접촉부식

금구류와 전차선 및 조가선 등을 지지하기 위해 부득이하게 두 종류의 금속이 접촉할 수 있다. 이러한 이종금속이 접촉하고 있는 개소가 염분 등 전해질 용액에 접촉하면 그곳에 국부전기가 형성되어 그 용액 중에서 금속의 전극 전위에 따라 마이너스 전위가 높은 금속이 양극으로 되어 용액 중에서 용해하여 부식된다. 접촉부식량에 의한 부식량은 그 경우의 부식 전류량과 비례관계에 있고, 그 원인이 되는 것은 전극의 전위차이다. 전극의 전위차가 큰 금속, 즉 전위열에서 금속 상호간에 서로 떨어져 있는 정도가 큰 것이 접촉부식이 심하다. 예를 들면 알루미늄과 동이 조합된 알루미늄의 부식량은 철과 동이 조합된 경우 철의 부식량보다 크다. 또 알루미늄과 동의 슬래브에서 중간 금속으로 주석합금을 사용하고 있으나 주석은 알루미늄과 동의 중간 전위가 되기 때문에 이것이 게재된 것에는 각각의 전위차가 적어 부식이 경감된다. 실제로 각종 금속체는 표면에 산화피막이 형성된다든지 표면이 부식으로 생성된 생성물로 피막되어 있다든지 하는 복잡한 현상을 나타내고 있는 경우가 많아 꼭 전위차에 비례하지 않지만 원칙적으로는 이와 같은 경향을 나타낸다.

11) 입계부식

오스테나이트계 스테인리스강을 500~800℃로 가열시키면 결정입계에 탄화물($Cr_{23}C_6$)이 생성되고 인접 부분의 크롬(Cr)은 감소하여 크롬결핍층(Cr depleted area)이 형성된다.

이러한 상태를 만드는 것을 예민화처리(Sensitization treatment)라 한다. 이렇게 처리된 강을 산성용액 중에 침지시키면 크롬결핍층이 현저히 부식되어 떨어져 나간다. 이러한 것을 입계부식(intergranular corrosion)이라 한다. 예민화처리에 의해 생성되는 크롬결핍층의 크롬농도는 약 5% 정도까지 저하하며, 그 폭은 2,000~3,000Å이다.

크롬이 12% 이상 함유되어 있는 스테인리스강은 부동태화하고 있으므로 내식성이 우수하지만 그 이하의 크롬농도 부분은 부식되기 쉬워지므로 입계부식이 생긴다.

비예민화 스테인리스강은 일반적으로 입계부식이 생기지 않으나 니켈(Ni), 인(P), 실리카(Si) 등이 함유된 스테인리스강은 끓는 HNO_3 용액 중에 Cr^{6+} 이온이 함유되어 있는 경우, 입계부식이 생긴다.

5N HNO_3 + 0.5N $K_2Cr_2O_7$ 용액 중에서 스테인리스강(14Cr-14Ni) 중의 P가 100ppm 이상 함유되면 입계부식성이 급격히 증대된다.

또한 이와 더불어 염화제2철 용액 중(345℃)에서 응력부식 균열 감수성이 나타난다.

이종금속접촉부식이란?

이종금속의 접촉 부분이 염분 등 전해질 용액에 접촉되면 그곳에 국부전기가 형성되어 그 용액 중에서 금속의 전극전위에 따라 마이너스 전위가 높은 금속이 양극이 되어 용액 중에서 용해하여 부식되는 것이다.

Check point!

입계부식은 국부부식으로 예민화처리된 스테인리스강을 산성용액 중에 침지시켜 크롬결핍층이 부식되어 떨어져나는 것으로 나타난다.

1.5 부식속도

지금까지의 부식반응을 이해하는 데 기초가 되는 전기화학반응을 이용하여 설명하였다. 전기화학적 반응은 산화반응과 환원반응으로 구별되고, 두 반응은 동일한 전체 반응에서 서로 반응량의 평형을 이룬다. 이때 평형을 이루는 산화 · 환원반응속도를 그 시스템에서의 부식속도라 한다.

1) 전하이동 과전압 (Charge Transfer Overvoltage)

전하이동 과전압은 용액과 전극 사이에서 전하를 띤 물질의 이동에 의하여 발생된 과전압을 의미하며, 활성화분극이라고도 명명한다. 전체 반응이 전하이동 과전압에 의하여 의존될 때, 반응속도의 표현식 및 거동은 다음과 같다.

$$\eta_x = \Phi - \Phi^{eq} = \beta_x \log(i_x / i_o)$$

단, $x = a$일 때 η_a와 β_a는 양수

$x = c$일 때 η_c와 β_c는 음수

위 식은 평형전위보다 전위가 높아짐에 따라 금속의 산화반응(η가 양수), 반대의 경우에는 환원반응(η가 음수)이 각각 발생함을 의미한다. 또한 식에서 i_o, β_x값은 주어진 환경에서 각 물질의 고유특성 값으로 i_o는 평형전위에서 반응평형속도를 의미하며, i_o이 증가함에 따라 부식속도 증가를 의미한다. 또한 β_x는 반응속도를 의미하는 상수로 β_x의 증가는 동일 과전압에서 산화(부식) 또는 환원속도가 증가함을 의미한다.

2) 농도 과전압(Concentration Overvoltage)

용액 과전압은 용액에서 물질의 이동에 의하여 발생된 과전압을 의미하며, 용액분극이라고도 명명한다. 전체 반응이 용액 과전압에 의하여 의존될 때 반응속도는 다음의 식에 따른다.

$$\eta_{conc} = \Phi - \Phi^{eq} = (RT/zF)ln[1 - i_x/i_L]$$

(단, $i - DzF(C_B - C_S)/\sigma$, $i_L = (DzFC_B)/\sigma$, C_B, C_S는 계면 근처 및 벌크 용액에서 농도, σ는 확산거리)

농도 과전압은 용액 중 이온의 이동에 영향을 미치는 인자인 용액의 온도, 용액의 유동과 용액의 농도에 영향을 받으며, 이들 값이 증가함에 따라 i_L(limiting current)값은 증가한다. 실제의 경우 과전압은 두 종류의 과전압이 혼합된 양상을 나타낸다. 즉 과전압이 작을 경우에는 전하이동 과전압에 지배되다가 과전압이 커짐에 따라 농도 과전압에 지배되는 양상을 보인다.

Check point!

1) 전하이동 과전압
용액과 전극 사이에서 전하를 띤 물질의 이동에 의하여 발생된 과전압을 의미하며, 활성화분극이라고도 명명한다.

2) 농도 과전압
용액 과전압은 용액에서 물질의 이동에 의하여 발생된 과전압을 의미하며, 용액분극이라고도 명명한다.

1.5.1 부식속도 측정법

부식속도를 측정할 수 있는 3가지 방법이 있다. ① 타펠 외삽법(Tafel Extrapolation), ② 분극저항법(Polarization Resistance), ③ 무게감소측정법(Conventional Weight Loss Measurement)으로 나누어지며, 분극저항법이 부식속도를 측정하기 위해 가장 많이 사용하는 방법이며, 분극저항법에 대해서만 알아보겠다.

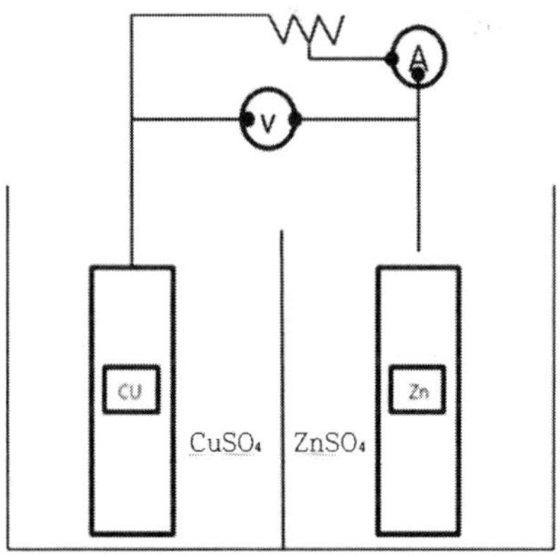

그림 1-6. 분극전지

1) 분극저항법(Polarization Resistance)

분극저항법은 선형분극법이라고도 하는 부식속도 측정법으로 분극저항이 부식속도에 반비례하는 원리를 이용하는 것이다. 분극저항법은 혼합전위

이론으로부터 유도된다. 활성화 지배하에 있는 양극반응과 음극반응에서 예상되는 실험분극 곡선은 다음 식에서 유도될 수 있다.

$$i_{app,c} = i_c - i_a$$

여기서, i_a는 양극산화반응 전류밀도, i_c는 음극 환원 전류밀도, $i_{app,c}$는 인가된 음극전류밀도이다. 이 세 값은 모두 동일한 값의 전위 E에서 측정된 값이다. 마찬가지 방법에 의해 인가된 양극전류밀도도 다음 식과 같이 이루어진다.

$$i_{app,a} = i_a - i_c$$

Stern & Geary식으로부터 유도된 분극곡선은 부식전위 부근의 낮은 과전압에서 직선거동을 나타내게 된다. 직선영역의 범위는 선택된 타펠상수의 값에 따라 달라진다. 인가된 음극 및 양극 전류밀도 i_c 및 i_a로서 부식전위 E_{corr}로부터 분극시키면 다음 식이 얻어진다.

$$\eta_c = \beta_c \log(i_c / i_{corr})$$

$$\eta_a = \beta_a \log(i_a / i_{corr})$$

위의 식을 지수형태로 고친 다음 첫 번째 식에 대입시키면 다음 식을 얻게 된다.

$$i_{app,c} = i_{corr}(10^{-\eta c/\beta c} - 10^{\eta a/\beta a})$$

여기서, $i_{app,c}$는 과전압 η이 0에 접근함에 따라 직선적으로 접근하는 두 지수함수의 차이이다. 위 식을 다시 정리한 다음 미분하면 분극저항 R_p에 대한 표현식을 얻게 된다.

$$R_P = \frac{\beta_a \beta_b}{2.3 i_{corr}(\beta_a + \beta_b)} = \frac{B}{i_{corr}}$$

위 식에서 알 수 있듯이 분극저항 R_p는 부식속도에 역비례하며 B는 비례상수이다. 실험적으로는 부식 전위 근처의 작은 과전압 범위에서 동전위법으로 전위를 인가하면서 이때 발생하는 전류를 측정하여 $I-V$곡선을 그리고 부식전위에서의 기울기값을 계산하면 그 값이 분극저항 R_p값이 된다.

1.6 철근부식의 원리

공장에서 출하되는 철근의 상태는 표면이 산화철(Fe_3O_4) 형태로 검은 녹이 있는 형태로 출하된다. 그 이유는 철근 제조시 철근 표면은 고온에서 형성된 Fe_3O_4로 주로 이루어져 있기 때문이다. 그러나 철근에 콘크리트가 타설되면 콘크리트 경화 중 고온에서 형성된 산화물이 철염을 만들고 철염은 모르타르 속으로 확산되어 침전되고 철근 표면에는 부동태피막이 형성된다.

보통 콘크리트에는 석회석이 66% 이상 함유되어 있어 콘크리트의 pH는 12.5 이상이다. 강알칼리성 재료이며, 이러한 강알칼리성에 매입되어 있는 강재는 표면에 부동태피막이 형성되어 부식에 대해 보호받는다. 따라서 적절한 시공으로 균열이 없는 수밀한 콘크리트 구조물에서는 일반적으로 철근 부식에 의한 문제가 발생하지 않는다.

그러나 알칼리 성분 용출과 탄산화에 따라 콘크리트의 알칼리도가 저하되거나 콘크리트 속에 유해성분이 혼입되면서 철근은 활성상태로 변하게 되고 물과 산소에 의해 부식이 일어난다. 이러한 일련의 과정은 양극, 음극 및 전해질을 필요로 하는 전기화학적 과정이다. 습윤상태의 콘크리트는 양호한 전해질로 작용하며, 철근은 양극과 음극으로 작용한다.

철근부식에 영향을 주는 인자는 산소, 중성화, 온도 및 습도, 염화물농도와 pH, 매크로셀, 콘크리트 비저항, 미주전류, 콘크리트 품질 등 여러 인자가 있으며, 서로 복잡한 상호작용을 하므로 각각의 영향에 대해 명확하게 규명하는 것은 어려운 문제이다. 이와 같은 강알칼리에서 철은 부동태피막을 갖게 된다. 지금까지 알려지기로는 부동태 $\gamma-Fe_2O_3$ (gamma Iron Oxide)이다. 그러나 Cl^-의 침투, 중성화 등의 이유로 말미암아 미소전지(micro cell)이나 거대전지(macro cell)가 형성된다. 콘크리트 내부 강재의 부식형태는 콘크리트 내부의 환경조건에 의하여 전면부식, 국부부식 등과 같이 분류될 수 있으며, 콘크리트 내부에 존재하는 염분이 원인이 되어 부식되는 경우에는 표에 나타낸 바와 같이 공식 또는 박리상의 부식형태를 나타내는 경우가 많다.

Check point!

철근부식에 영향을 주는 인자는 산소, 중성화, 염화물농도와 pH, 온도 및 습도, 콘크리트 비저항, 매크로셀, 미주전류, 콘크리트 품질 등 여러 인자가 있다.

그림 1-7. 철근의 부식상태

1) 철근의 부동태와 파괴

금속의 부동태현상은 그 성질이 복잡하고 발생 조건이 특수하여 정의하기가 어렵다. 부동태란 특수한 환경에서 어떤 금속, 합금의 화학반응성이 손실되는 것과 관련 있다. 그래서 기전력계열에서는 활성인데도 불구하고 매우 느린 속도로 부식되는 금속을 부동태금속(passive metal)이라 한다.

일반적으로 콘크리트 속의 철근에는 콘크리트가 갖는 강한 알칼리성이 피막을 형성해줌으로써 녹을 발생시키는 원인물질의 침입이 최대한 억제되며 또한 콘크리트의 저투과성은 전기저항을 증대시키기 때문에 철근의 녹막이효과를 높여주고 있다. 따라서 대부분의 정상적인 건축물 또는 콘크리트 부재 속의 철근에는 녹이 발생하지 않도록 되어 있다. 철근은 콘크리트의 pH농도가 12.5 이상되는 강알갈리성을 갖고 있는 한, 강알칼리성이 발휘하는 철근의 표면에 부동태피막이 형성되어 있기 때문에 잘 녹슬지 않는다. 그러나 이 부동태피막이 철근과 피복콘크리트와의 틈새를 타고 침투한 수분과 산소가 만들어낸 수소이온 · 황산이온 · 산소 또는 염소이온으로 파괴되면 철근 표면적의 대부분을 차지하는 부동태피막을 음극(－ : cathode), 부동태피막이 파괴된 철 부분을 양극(＋ : anode)으로 하는 국부전지가 형성되어 공식(孔食 : pitting corrosion＝구멍이 뚫린 듯한)상태의 부식을 일으킨다.

2) 철근의 전기화학적 부식 메커니즘

콘크리트 내부로 유입된 염화물이온이나 콘크리트의 중성화에 의해 내부철근 표면의 부동태피막이 파괴되면 염화물과 알칼리농도의 차, 철근 표면의 화학적 불균일성으로부터 철근 표면의 전위(potential)는 매크로적으로 불균일하게 되어 국부전지(macro cell)를 형성하고 부식이 발생한다. 즉 철근 표면의 부동태피막이 파괴되고 철근이 활성상태이면, 철근은 물과 용존산소의 작용으로 부식을 일으키면서 전류의 흐름에 따라 철근 표면에서 철이 이온화되는 양극반응(산화반응)과 산소가 음극반응(환원반응)이 발생하며 부식전지(corrosion cell)를 형성한다. 부식의 전기화학적 메카니즘에 따르면, 부식의 직접적인 영향인자는 부식 발생 장소에서의 충분한 산소(O_2)와 물(H_2O)의 존재, 그리고 철근 표면의 부동태피막 파괴를 야기하는 콘크리트의 중성화(pH 저하)와 염화물이온(Cl^-)의 존재이며, 그 이외의 콘크리트 품질을 피복두께, 균열 등 많은 영향 인자가 관련되어 있다.

철근의 전기화학적 부식 메커니즘

콘크리트 내부로 유입된 염화물이온 또는 콘크리트의 중성화에 의해서 내부철근 표면의 부동태피막이 파괴되면 염화물과 알칼리농도의 차이, 철근 표면의 화학적 불균일성으로 철근 표면의 전위는 불균일하게 되어 국부전지를 형성하고 부식이 발생하게 됩니다.

Check point!

콘크리트 내부의 철근 부식을 평가하는 방법으로 육안검사방법, 직접법, 자연전위법, 분극저항법, 전기저항법이 있다.

1.7 콘크리트 내 철근 부식 평가

콘크리트 내부의 철근 부식을 평가하는 방법으로는 육안검사방법, 직접법, 자연전위법, 분극저항법, 전기저항법이 있으며, 그 중 자연전위법과 선형분극 저항법에 대해 간단히 기술하며, 다른 평가방법은 2장에서 기술한다.

1) 자연전위법(Half-cell mapping)

자연전위법(Half-cell mapping)은 그림 1-8에 나타낸 바와 같이 콘크리트 표면에서 불활성전극을 이용하여 내부 철근의 부식전위를 측정하는 방법으로 가장 잘 확립되어 있다. 이 방법은 간단한 측정장비와 방법으로 철근의 부식 가능성과 그 부위를 현장에서 빠르고 간단하게 조사·평가할 수 있는

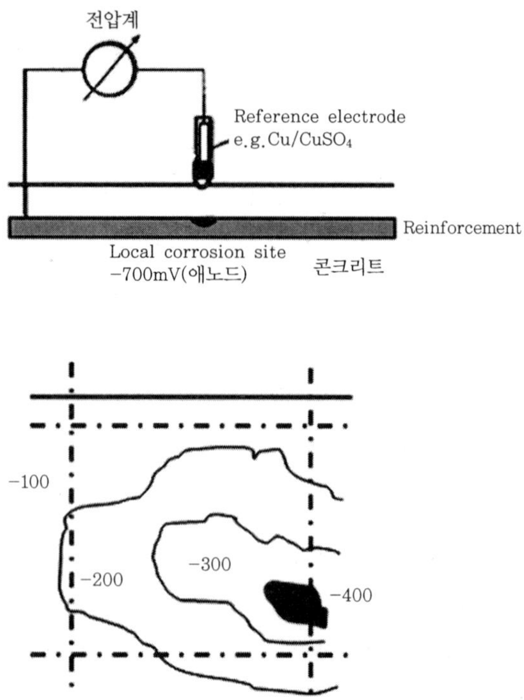

그림 1-8. 자연전위법

유용한 방법으로 가장 널리 이용되고 있다. 이 방법에서 철근의 부식 가능성을 나타내는 부식전위의 범위는 미국 내 염해를 입은 콘크리트교 상판을 대상으로 조사한 연구결과에 기초하여 이루어졌다.

그러나 이 방법은 단지 부식 발생의 가능성만을 나타내는 정성적인 평가일 뿐 부식률과 같이 부식의 심각성을 정량적으로 나타낼 수 없는 단점이 있다.

2) 선형분극 저항법 (Linear polarization resistance method)

콘크리트 내에서 발생되는 내부 철근의 부식은 전기화학적 과정이다. 만일 내부 철근에 전기화학적 부식이 발생된다면, 그 부위에서 부식전지가 형성되며 양극과 음극 사이에 흐르는 전류로 인하여 전극전위의 변화가 발생된다. 이러한 전극전위의 변화를 분극이라 하며, 분극은 부식률에 영향을 준다. 내부 철근의 부식전위와 이에 따른 부식전류는 몇 가지 방법에 의해 측정할 수 있다. 만일 부식전류가 측정된다면 패러데이(Faraday's)법칙을 이용하여 다음 식들을 통해 내부 철근의 부식률을 계산할 수 있으며, 직접 철근의 무게 감량값으로 환산 가능하다.

$$CR - \frac{M i_{corr} t}{\rho z F} \fallingdotseq 11.6 \times i_{corr}$$

여기서, CR(corrosion rate) : 부식률(μm/day), M : 철분자의 중량(55.85g/mol), i_{corr} : 부식전류밀도(μA/cm^2), t : 시간(s), ρ : 철의 밀도(7.85g/cm^3), z : 분자당 이동된 전자의 수($Fe \rightarrow Fe^{+2} + 2e$에서 2), F : 패러데이 상수(96,500C/mol)이다.

$$i_{corr} - \frac{I_{corr}}{A}$$

여기서, i_{corr} : 부식전류 밀도(μA/cm^2), I_{corr} : 부식전류(μA), A : 전류가 인가된 내부 철근의 표면적(cm^3)이다.

그러나 부식전류는 내부 철근 표면 사이에 수없이 퍼져 있는 작은 양극면과 음극면 사이를 흐르는 전류이므로 이를 직접 측정하기는 매우 어렵다. 따라서 일반적으로 부식전류는 콘크리트 표면에 불활성전극(Half-cell)과 외부 전기회로를 이용하여 내부 철근에 음극 또는 양극반응을 일으켜(전류 혹은 전위의 인가) 간접적으로 측정된다. 이러한 방법에는 선형분극저항법(Linear polarization resistance), 교류 임피던스(AC impedance), 정전류 펄스법(Galvanostatic pulse transient) 등이 있으며, 이 중 가장 대표적인 방법이 선형분극저항법이다.

2. 철근 부식 영향요인

1장에서는 철의 부식에 대한 기초적 이론을 다루었다. 2장에서는 콘크리트 내에 있는 철근의 부식에 대해 알아본다. 철근 부식을 일으키는 영향인자와 그에 따른 상호작용에 대하여 다루어본다.

2.1 염화물이온

2.1.1 철근 부식과 염화물이온

콘크리트 중에 있는 철근의 부식에 영향을 주는 주요원인인 염화물은 크게 콘크리트 제조 시 첨가되는 내부 염화물과 콘크리트 공용기간 중에 침입하는 외부 염화물로 나눌 수 있다. 염화물에 의한 철근 부식 과정을 전기화학적 측면에서 보면, 먼저 염화칼슘과 해수에 함유된 염화물이온은 콘크리트 표면에 침투하여 철근 고유의 부동태(passivity)를 파괴한다. 이중 염화물이온(Cl^-)은 '부동태피막'에 흡착하여 피막을 국부적으로 파괴하기 때문에 철근 표면에 공식을 발생시키는 가장 유해한 성분 중 하나이다. 콘크리트 중에서 pH가 높은 철근의 부식을 억제할 수 있으며, 이러한 환경 하에서도 염화물이 존재하게 되면 염화물에 의하여 부동태피막이 파괴되거나 또는 부동태화를 방해받게 된다.

콘크리트 중의 철근 부식 역시 전기화학반응에 의하여 일어나며, 콘크리트에 묻힌 철근의 부식계는 전기화학적 산화가 일어나는 양극과 전기화학적 환원이 일어나는 음극, 전기전도체, 그리고 전해질로서 콘크리트 중의 세공용액으로 구성된다. 콘크리트 세공용액은 포화 수산화칼슘 용액과 그 속에 약간의 수산화나트륨과 수산화칼륨을 함유하고 있어 용액의 pH가 약 12.5 이상이 되기 때문에 보통 콘크리트

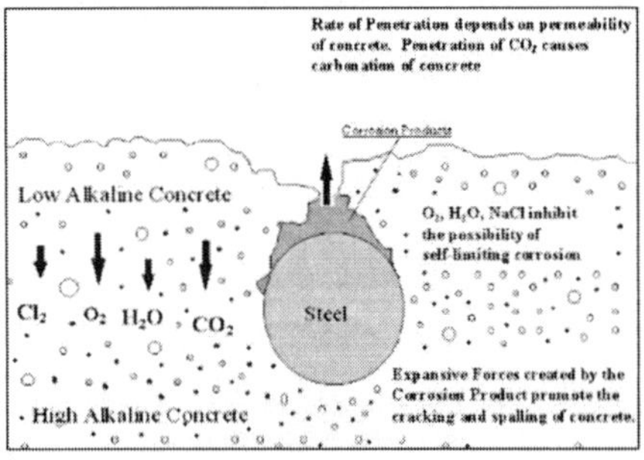

그림 2-1. 철근의 부식 메커니즘

중의 철근은 부식하지 않는다. 이와 같이 콘크리트는 강한 알칼리성 환경을 가지고 있어 철근은 그 표면에 부동태피막이라는 20~60Å 두께의 얇은 산화피막이 형성되어 부식작용으로부터 보호된다. 따라서 잘 시공되고 균열이 없는 철근콘크리트 구조물에서는 철근의 부식이 문제되지 않는다. 그러나 알칼리성분의 용출과 중성화에 의해 콘크리트 내의 알칼리성이 저하되거나 콘크리트 중에 각종 유해성분이 혼입되면 철근은 활성상태가 되어 쉽게 부식된다.

이때 철이 이온화되어 산화되는 양극반응과 산소가 환원되는 음극반응이 다음과 같이 진행된다.

$$Fe \rightarrow Fe^{2+} + 2e^{-} \qquad \text{(양극반응)}$$

$$O_2 + 2H_2O + 4e^{-} \rightarrow 4OH^{-} \qquad \text{(음극반응)}$$

철근의 부식반응은 위 식들의 반응으로 다음 식과 같이 수산화 제1철이 표면에 분출된다.

$$2Fe + O_2 + 2H_2O \rightarrow 2Fe^{2+} + 4OH^{-} \rightarrow 2Fe(OH)_2$$

이 화합물은 용존산소에 의해 산화되어 수산화 제2철이 된다. 더욱이 이 화합물은 물을 잃어 FeOOH 또는 Fe_2O_3의 붉은녹이 되며, 일부는 산화 불충분 상태로 Fe_3O_4(검은녹)가 되어 철근 표면에 녹층을 형성한다. 콘크리트 중의 철근이 부식하여 생성된 녹은 원래 체적의 3~8배 정도로 팽창하고, 그 팽창압에 의해 피복콘크리트 균열이 발생한다. 균열이 발생하면 산소와 수분 공급이 용이하게 되어 철근의 부식은 촉진되고 균열은 더욱 성장하게 된다. 또한 콘크리트와 철근의 부착성이 저하되고 콘크리트 강도가 저하되는 문제점도 발생하며 최악의 경우에는 피복 콘크리트가 박리되고 구조물의 성능이 현저하게 떨어진다.

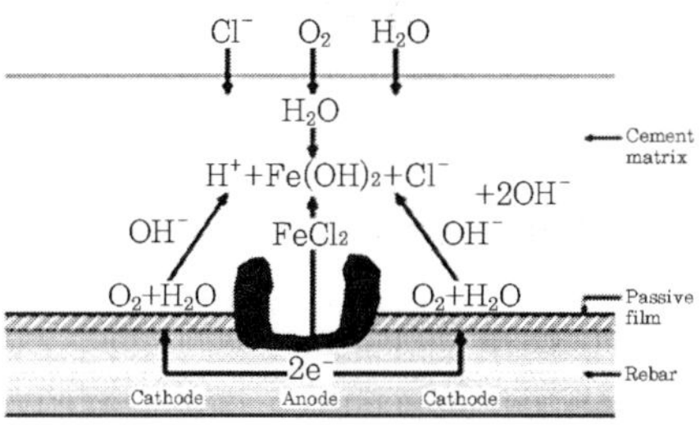

그림 2-2. 염소이온에 의한 철근 부식 메커니즘

염화물에 의한 부동태피막의 국부적인 파괴에

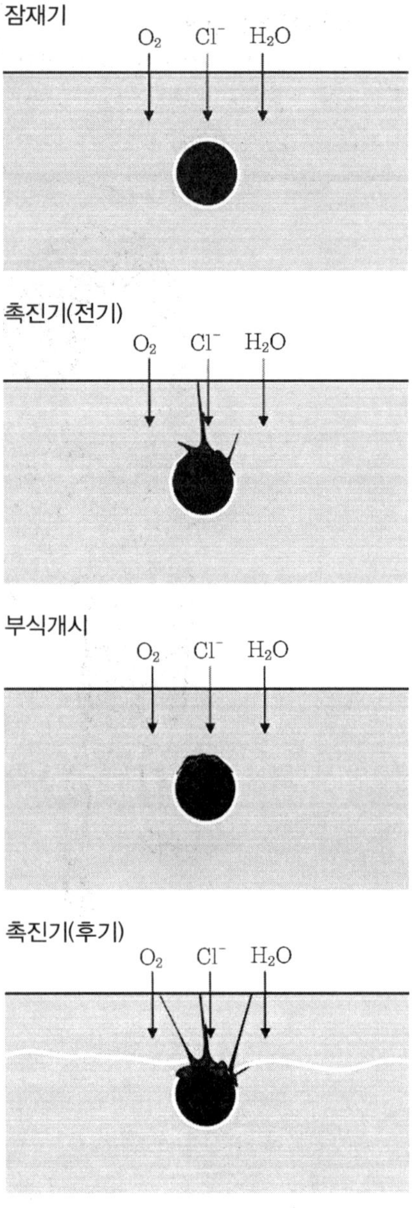

그림 2-3. 단계별 열화과정

의하여 야기된 양극과 음극 면적의 분리는 부식형태에 상당한 영향을 미친다. 양극 지역에 인접한 콘크리트의 철이온 농도가 증가하여 pH는 떨어지고, 음극반응의 산물인 수산기이온의 생성은 철의 음극지역 부근에서 일어난다. 그림 2-2에서와 같이 양극에서 국부적인 pH 저하 때문에 $FeCl_2$의 가용성 화합물이 생성되었다가 다시 방출된다. 그리고 이와 동시에 양극에서 수소이온이 발생하여 양극부의 pH를 낮춤으로써 부식에 더욱 유리한 환경을 만들게 되는데 활발한 부식반응이 일어날 때 철근 주위의 pH가 항상 4.8~6.0 사이의 범위에 있으며, 이들의 부식반응은 다음과 같다.

$$Fe + 2Cl^- \rightarrow FeCl_2 + 2e^-$$

$$FeCl_2 + 2H_2O \rightarrow Fe(OH)_2 + 2H^+ + 2Cl^-$$

1) 기타 염류

콘크리트 속의 철근 부식에 대하여 황산염해도 고려할 수 있다. 그러나 Gouda의 연구에 따르면 8% 이하의 황산나트륨을 함유한 콘크리트 속에 철근의 부동태는 영향을 받지 않지만, 시멘트 추출액 속에서는 0.2%의 부동태가 파괴된다고 밝혔다.

이와 같이 황산염해는 콘크리트의 화학적 침식의 원인이 되는 유해한 염류이나 콘크리트 속의 철근 부식에 대해서는 염화물만큼 많은 영향을 끼치지는 않는다.

2.1.2 염화물이온 침투

앞서 기술했듯이 콘크리트 내에 철근부식의 영향을 미치는 주요인은 염화물이다. 이러한 염화물이 콘크리트 내부로 침투하는 경로는 크게 두 가지로 나눌 수 있다.

우선 염화물이 콘크리트 배합에 사용되는 경우, 즉 해사 종류의 잔골재, 배합수, 혼화제 등의 배합재료에 염화물이온이 함유된 경우와 해수 또는 대기 중의 염화물 입자가 외부로부터 비래 또는 살포 등에 의해 콘크리트의 간극을 통해 흡수와 확산 등에 의하여 침투하는 경우로 나눌 수 있다.

일반적으로 배합재료에 포함되어 콘크리트 내부로 침투하는 염화물이온을 내부 염화물이온, 외부 환경조건에 의하여 콘크리트 내부로 침투하는 염화물이온을 외부 염화물이온이라 한다.

내부 염화물이 콘크리트에 유입되는 것은 강모래의 부족으로 인한 바다모래 사용에 기인한 면도 있으며, 내부 염화물이온의 분포는 표면 부근의 염화물이온이 빗물 등에 의하여 용출된다. 또한 콘크리트 내부의 염화물이온은 표면으로부터 어느 정도 떨어진 위치에서 염화물이온량이 최대가 된다. 외부 염화물이온은 해수나 대기 중의 해염입자, 제설염 등에 의해 외부로부터 침투하게 되며, 이러한 현상은 해안지역에 위치한 구조물 및 제설작업을 위하여 제설제가 많이 살포되는 구조물에서 주로 일어나게 된다.

제설염 등의 기타 경로를 통한 침투는 주로 도로, 교량 등의 콘크리트 포장에서 제설염으로 사용되는 염화칼슘이나 염화나트륨 등에 의한 것이다. 이러한 제설염은 녹은 눈이나 얼음과 함께 염분용액의 형태로 직접 접하지 않는 구조물 내부까지 침투하게 된다. 이런 경우에 콘크리트 표면은 염화물이온과 계속

그림 2-4. 염해 피해 사례(장고항 방파제)

그림 2-5. 염화칼슘 살포

Check point!

염화물 콘크리트 내부 침투 경로

1) 콘크리트 배합에 염화물이 사용되는 경우, 즉 해사 종류의 잔골재, 배합수, 혼화제 등의 배합재료에 염화물이온이 함유된 경우
2) 외부로부터 비래 또는 살포 등에 의해 해수 또는 대기 중의 염화물 입자가 콘크리트의 간극을 통해 흡수와 확산 등에 의하여 침투하는 경우

접하지 않고 건습의 반복작용을 받게 되며, 모세관 흡수현상에 의하여 염화물이온이 콘크리트 내부로 침투하게 된다. 따라서 표면 근처에서 매우 높은 염화물이온 농도가 나타나게 되고 염화물이온 확산을 통하여 내부로 재분배된다.

2.1.3 염화물이온량 규제

콘크리트 속의 철근은 철근 주위의 염화물이온량이 어느 정도까지 많아지면 부식하기 시작한다. 그러므로 국내·외에서는 콘크리트 속에 함유된 염화물량을 여러 가지 형태로 규정하고 있다.

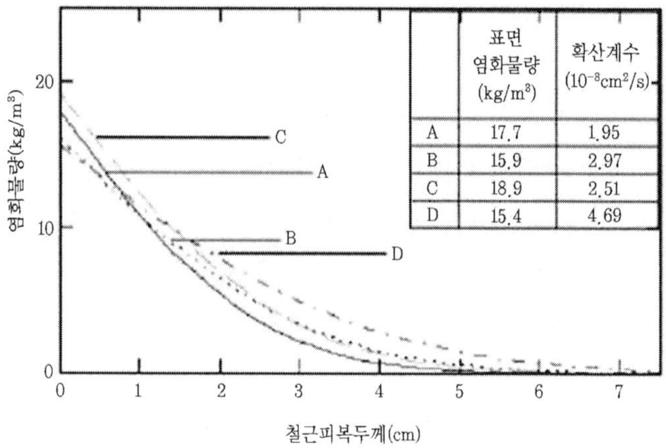

그림 2-6. 시간별, 깊이별 염화물량 분포

염화물량의 규제값을 정하는 방법에는 크게 두 가지가 있다. 그 하나는 콘크리트 $1m^3$ 속의 총 염화물량으로 규제하는 방법이며, 또 하나는 시멘트 중량에 대한 비율로 규제하는 방법이다. 일본의 여러 가지 규준을 보면 이전에는 바다모래 사용으로 염화물이온이 콘크리트 속에 혼입되는 경우를 중시하여 허용염화물량을 잔골재 중량에 대한 중량비로 규정하고 있다.

그러나 염해로 인한 피해가 드러난 뒤에 제정 · 개정된 최근 규준에서는 각 재료마다 함유된 염화물량을 제한하면서 콘크리트 $1m^3$ 속의 총 염화물량으로 총량 규제를 하고 있다.

Check point!

콘크리트 속에 함유된 염화물

1) 가용성 염화물
   콘크리트 속에서 물로 인해 추출되는 염화물

2) 전염화물
   콘크리트를 강한 산으로 용해하였을 때 추출되는 염화물

2.1.4 콘크리트 속의 염화물이온량 측정방법

콘크리트 속에 함유된 염화물량은 편의상 두 종류로 분류된다. 첫 번째, 가용성 염화물이란 콘크리트 속에서 물로 인해 추출되는 염화물이고, 두 번째, 전염화물이란 콘크리트를 강한 산으로 용해했을 때 추출되는 염화물이다. 엄밀하게 전염화물과 산용해성 염화물은 같은 것은 아니지만, 편의상 산용해성 염화물을 전염화물로 다루고 있다.

콘크리트 속에 함유된 염화물량을 측정하는 방법은 전기전도에 의한 시험방법, 장기침지에 의한 시험방법이 있다.

1) 전기전도에 의한 염화물량방법

28일 수중양생한 직경 10cm의 콘크리트 시편을 길이가 5cm가 되도록 절단한 다음 실험을 수행하기 전까지 상대습도 95% 이상을 유지시킨다.

실험 시 시편은 Applied Voltage Cell에 고정시키고 회로구성을 한다. 그림 2-8은 염소이온 투과시험의 직류회로와 A.V Cell의 상세도이다.

그림 2-7. 염해에 의한 콘크리트 부식

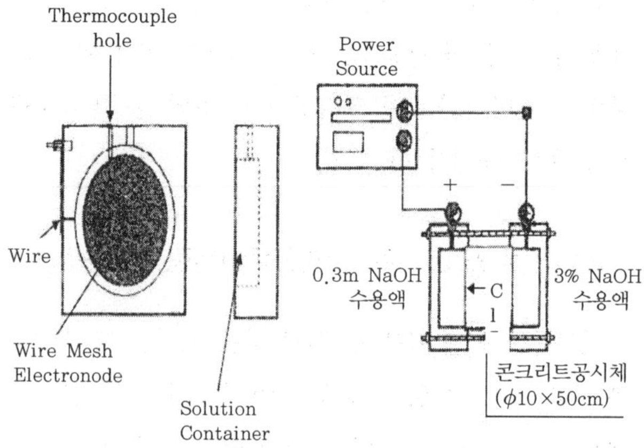

그림 2-8. 염소이온 투과시험 장치도

이 회로에서 전원은 60±0.1V의 직류를 ±0.1V의 정도로 안정적으로 공급할 수 있어야 한다. 실험을 수행하는 동안 전해질용액이 새지 않도록 하기 위하여 사용되는 실런트는 고무제품이고 무게는 20~40g 정도의 것으로 셀과 시편 사이를 고정시킨다. 전류를 측정하는 방법으로는 기지의 저항체를 회로에 연결하여 전압으로 측정함으로써 얻을 수 있는데, 이때 사용되는 저항으로는 콘크리트 시편에 적용되는 전압에 영향이 적도록 하기 위하여 가능한 작은 저항을 사용하는데 0.2Ω을 많이 사용한다.

A.V.Cell(−) 전극에 3.0%의 NaCl용액을 채우고 (+)전극쪽에는 0.3%의 NaOH용액을 채운다. 3%의 NaCl용액은 물 900ml에 NaCl 30g을 용해시킨 후 물을 가하여 1,000ml의 용액을 만들고, 0.3% NaOH는 물 1l에 NaOH 12g을 용해시켜 제조한다. 실험 시 용액의 초기 온도는 20~25℃의 범위에 있어야 하고, 시험 중에는 대기의 온도 20~25℃를 유지하도록 한다. 또한 시험 중 용액의 온도는 90℃ 이하가 되도록 한다.

시험 중 30분마다 0.2Ω에 걸리는 전압을 측정하여 기록한다. 이때 전압은 0.1mV까지 측정 가능해야 하고 ±0.1%의 정도를 가진 장치이어야 한다.

염소이온 투과시험 장치도

이 회로에서 전원은 60±0.1V의 직류를 ±0.1V의 정도로 안정적으로 공급할 수 있어야 하며 실험을 하는 동안 전해질 용액이 새지 않도록 사용되는 실런트는 고무제품(무게는 20~40g 정도)으로 셀과 시편 사이를 고정시킨다.

측정한 전압값은 다음 식에 의하여 전류치로 환산한다.

$$I = \frac{V}{R} = \frac{V}{0.2}$$

여기서, I = 전류(amperes, A)

V = 전압(volts, V)

R = 저항(ohums, Ω)

염소이온 투과실험은 매 시편마다 6시간이 소요되고 30분 간격으로 전압값을 측정한다. 측정된 전압을 전류로 환산하여 다음 식을 이용하여 회로를 통과한 총 전하량을 산정한다.

$$Q = 900 \times (I_0 + 2I_{30} + 2I_{60} + \ \dots\ 2I_{300} + I_{600})$$

여기서, Q = 회로를 통과한 전하량

I_n = 실험 시작 후 n분이 경화하였을 때의 전류

만약 시편이 직경이 95mm가 아닐 경우 투과면적에 대한 보정을 해야 하고, 이는 다음 식을 따른다.

$$Q = Q_x \times (\frac{95}{x})^2$$

여기서, Q_s = 직경 95mm를 통과한 전하량

Q_x = 직경 $x$mm를 통과한 전하량

ASTM의 규정에서는 본 실험에서 산정된 전하량을 염소이온 투과성과 비교하는 자료를 제시하고 있고 표 2-1과 같다.

염소이온 투과에 영향을 미치는 인자로는 물-시멘트비, 폴리머계 중합물, 재령, 간극구조, 골재의 종류, 다짐도, 양생 종류 등을 들 수 있다.

표 2-1. 통과전하량에 따른 염소이온 투과성

통과전하량 (Coulombs)	염소이온 투과성
4,000 이상	높음
2,000~4,000	보통
1,000~2,000	낮음
100~1,000	매우 낮음
100 이하	무시

2) 장기침지에 의한 염화물량방법

두께 75mm 이상 면적 $300mm^2$ 이상인 개별

슬래브에 대해 최소 4개의 시험편 형상을 가지도록 거푸집을 제작하여 콘크리트 타설 후 14일간 습윤양생 후 탈형하여 건조실에서 28일간 보관한다.

콘크리트 표면처리에 관한 평가를 위해서는 단위 시멘트량 390kg/m^3 W/C는 0.5, 공기량 6±1%의 배합을 사용하며, 특수한 표층 재료에 대해 평가하고자 한다면, 시험편 두께를 50mm로 하고, 표층 재료를 25mm 두께로 덮는다. 높이 19mm, 너비 13mm의 둑을 기준부재를 제외한 모든 슬래브의 상면 모서리에 장착한다. 이렇게 제작된 슬래브를 건조실로 옮겨 13일간 더 보관한다.

둑을 설치한 슬래브에 3%의 염화나트륨용액을 13mm 깊이까지 채워 연속 침지한다. 용액의 증발을 막기 위해 유리판을 침지용액 위에 설치하되 콘크리트 표면이 주위 대기로부터 차단되도록 해서는 안 된다.

90일 간의 침지기간이 끝나면 슬래브에서 용액을 제거하고 슬래브를 건조시키고 슬래브의 표면을 와이어 브러시로 긁어서 표면에 발생한 염분 결정을 모두 제거한다.

각 시험체에서 KS F 2714 '모르타르 및 콘크리트의 산-가용성 염화물 시험방법'에 따라 다음의 깊이별로 시료를 채취하여 염소이온량을 결정한다.

① 1.6mm~13mm

② 13mm~25mm

여기서, 분말시료의 채취방법으로 rotary impact machine의 방법이 편리하다. 이 방법은 지름 8mm의 비트날로 시멘트 페이스트 부분과 골재 부분을 골고루 채취 가능하다.

시험편에 대한 기준 염소이온량은 3% 염화나트륨용액에 침지하지 않은 슬래브의 1.6~13mm와 13~25mm 깊이에서 채취한 시료의 평균 염소이온량으로 결정한다.

2.2 중성화

2.2.1 철근 부식과 중성화

중성화, 탄산화라는 것은 알칼리성인 콘크리트가 오랜 시간 동안 공기 중에 있거나 콘크리트 표면에서 공기 중의 CO_2(탄산가스), SO_2(아황산가스)의 작용을 받아 다음 식에 표시된 것에 의해 서서히 중성화, 탄산화된다고 알려져 있으며, 많은 연구자는 중성화와 탄산화를 엄밀하게 구분하지 않고 총괄적으로 하나로 사용하고 있기 때문에 여기에서도 중성화의 하나로 표현한다.

$$Ca(OH)_2 + CO_2 \rightarrow CaCO_3 + H_2O$$

알칼리성이 있는 수산화칼슘($Ca(OH)_2$)이 CO_2와 반응하여 탄산칼슘($CaCO_3$)을 생성한다(탄산화).

$$(CaO)_3(SiO_2)_2(H_2O)_3 + 3CO_2 \rightarrow 3CaCO_3 + 2SiO_2 + 3H_2O$$

알칼리성이 있는 시멘트 겔[$(CaO)_3(SiO_2)_2(H_2O)_3$]이 CO_2와 반응하여 탄산칼슘을 생성한다(탄산화).

$$2Ca(OH)_2 + 2SO_2 + 2H_2O + O_2 \rightarrow 2(CaSO_4 \cdot 2H_2O)$$

알칼리성이 있는 수산화칼슘이 중화되어 중성의 이수석고($CaSO_4 \cdot 2H_2O$)를 생성한다(중성화).

콘크리트의 중성화 진행속도는 일반적으로 천천히 진행되며, 중성화 두께는 대부분 콘크리트 피복에서 2~3cm의 범위이다. 그러나 경량콘크리트(1종 및 2종)의 중성화 속도는 골재입자 공극이 크기 때문에 매우 건조한 조건에서는 보통콘크리트보다도 중성화 속도가 빠른 경우가 있다. 또한 동일기간 동안 중성화 깊이에 미치는 환경조건에 따라 중성화 속도는 CO_2 농도가 높을수록, 동일 온도의 경우 습도가 낮

그림 2-9. 콘크리트 중성화에 의한 철근의 노출

을수록, 동일 습도의 경우 온도가 높을수록, 중성화 속도는 빨라지게 된다. 그에 따라 최근 지구의 이산화탄소 농도 증가 경향 및 대기오염 등으로 인한 산성비 영향으로 중성화의 피해가 점차 확대되고 있다.

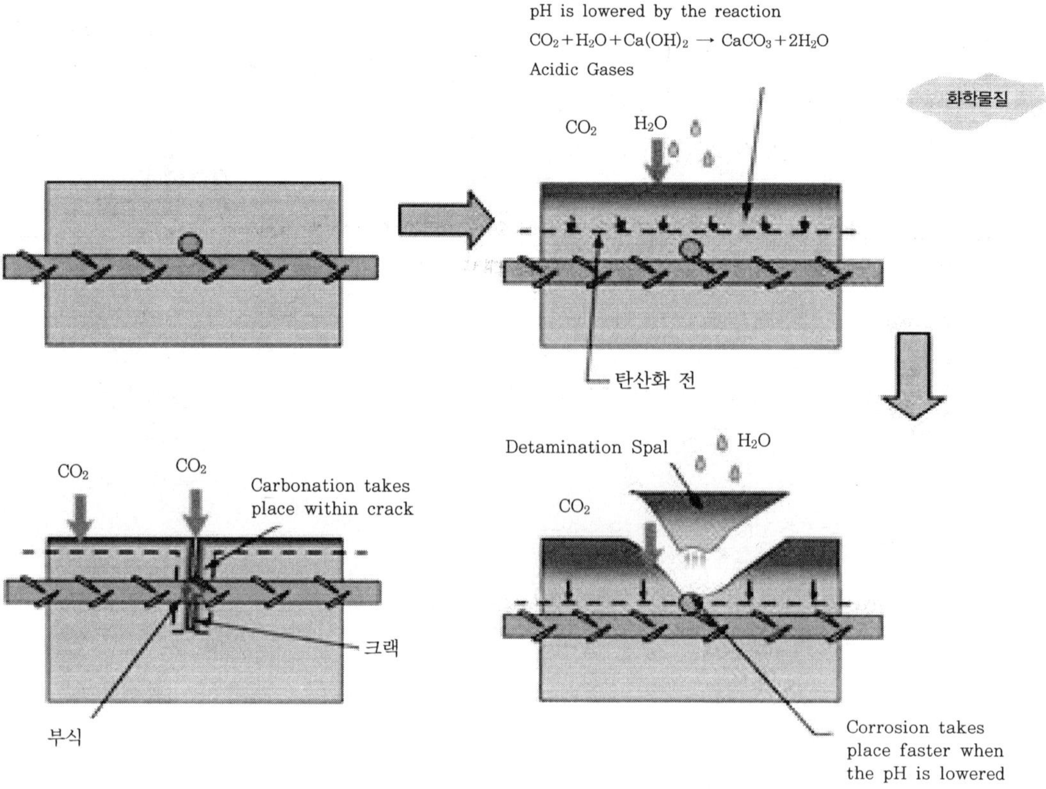

그림 2-10. 중성화에 의한 철근부식 과정

보통 콘크리트 내 공극에 존재하는 세공용액 속에는 나트륨이온과 칼륨이온 및 이와 평형상태에 있는 수산화물이온이 해리하고 있는데, pH는 약 13을 나타낸다. 이러한 고알칼리 환경에서는 강재 표면에 부동피막이 생겨 강재가 부식하지 않는다. 시멘트가 수화하면 시멘트 중량의 25~30% 수산화칼슘이 생성되지만 세공용액과 같은 고알칼리용액에는 거의 용해되지 않으므로 칼슘이용량은 매우 적다. 콘크리트 속에 대기 중의 탄산가스가 침투하여 세공용액과 접촉하면 물에 용해되어 탄산이 되고, 이온해리하여 탄산 또는 탄산수소이온을 생성한다. 이 탄산이온은 세공용액 속의 나트륨이온, 칼륨이온화 반응하여 알칼리탄산염을 생성하지만, 알칼리탄산염의 용해도는 매우 크므로 용액 속의 알칼리 금속이온 농도는 변화하지 않는다. 소비된 칼슘이온은 수산화칼슘의 용해로 보충된다. 따라서 세공용액의 pH는 수산화칼슘이 위에 기술한 반응에 따라 소실된 시점에서 급격히 저하하기 시작한다. 탄산화에 따라 세공용액의 pH가 저하하는 현상을 중성화라 한다.

콘크리트의 중성화는 마이크로적으로 표면에서 점차 내부로 진행한다. 콘크리트가 철근 부근까지 중성화되면 강재 표면의 부동태피막이 파괴되어 부식하기 시작한다. 이 경우 중성화로 인한 철근의 부식은 중성화가 철근에 이르기 전에 생겨 그 값(중성화 잔존)은 염화물이온을 함유한 콘크리트에서는 약 20mm, 함유되지 않은 콘크리트에서는 약 8mm로 하고 있다.

2.2.2 중성화깊이 측정방법

콘크리트 속에 수산화칼슘이 조금이라도 존재하면 세공용액은 알칼리성을 나타낸다. 그러므로 중성화깊이 측정이란 콘크리트 속에 탄산칼슘이 생성되고 있는지 여부를 조사하는 것이 아니고, 어느 위치까지 수산화칼슘이 잔존하는지를 조사하는 것이다. 주된 중성화깊이 측청방법에는 다음과 같은 방법이 있다. 이 중에는 중성화깊이의 판정법이 확정되지 않은 방법도 있고, 각기의 측정방법으로 구한 중성화깊이는 엄밀하게 일치하지 않는다.

① 시약을 사용하는 방법

② 시차열 중량분석으로 하는 방법

③ 편광현미경으로 하는 방법

④ 분말X선회절로 하는 방법

⑤ EPMA로 하는 탄산의 면분석법

1) 시약(phenolphthalein)을 사용하는 방법

중성화깊이의 측정방법으로 가장 일반적인 것은 시약, 특히 페놀프탈레인을 사용하는 방법이며, 연구실 내에서 하는 측정을 빼면 실구조물의 중성화깊이 측정 대부분은 페놀프탈레인법으로 하고 있다. 페놀프탈레인을 사용하는 방법은 간편하지만 다음과 같은 요인으로 측정 결과가 변한다고 하므로 측정할 때 주의해야 한다.

① 시약의 농도

② 시약의 분무(도포)량

③ 콘크리트 함수율

④ 콘크리트 표면상태

⑤ 시약 뿜칠 시기

⑥ 측정 시기

또한 측정할 때 코어 통의 시료를 채취하는 경우에는 수산화칼슘이 수용성이므로 코어 드릴의 냉각수로 용해하는 것 혹은 채취시 가열하면 탈수되는 점 $(Ca(OH))_2 \rightarrow CaO + H_2O$ 등에 특히 주의해야 한다. 최근 이 같은 영향을 최소로 하기 위한 측정법이 제안되고 있다. 그 측정 과정은 다음과 같다.

(1) 시약

페놀프탈레인 1% 용액(페놀프탈레인 1g을 95% 에틸알코올 90ml로 용해하고, 순물을 첨가하여 100ml로 함)을 사용한다.

(2) 측정 과정

① 콘크리트 측정면을 드릴로 천공, 모서리부 국부 파손, 코어채취(소형 코어 포함) 등을 이용하여 시험체를 만든 다음 압축공기 뿜기, 솔질, 물청소 등으로 표면을 깨끗이 청소한다.

② 시약을 스프레이 통으로 측정면에 분무한다.

③ 측정시기를 정하고, 착색 후 퇴색하는 영역도 중성화영역으로 하며 중성화깊이를 측정한다.

④ 중성화깊이는 첫 번째 조사 위치에 대하여 3~5군데 측정하여 그 평균값을 mm 단위로 사사오입한다(다만, 측정값이 장소에 따라 크게 다른 경우는 평균을 내지 말고 중성화의 상황을 자세히 스케치하여 나타낸다).

2) 시차열 중량분석에 따른 방법

시차열 중량분석에서는 용도 상승에 따른 시료의 중량변화를 측정함으로써 수산화칼슘이나 탄산칼슘량을 측정할 수 있다.

3) 편광현미경을 이용한 방법

콘크리트로써 두께 20~30μm의 박편을 제작하고 편광현미경의 직교 니콜 프리즘으로 관찰하면 시멘트풀(cement paste) 부분이 탄산화하여 탄산칼슘으로 된 부분과 수산화칼슘 그대로 있는 부분을 명확하게 식별할 수 있어 중성화깊이를 측정할 수 있다. 박편 시료제작 과정에서 탄산화를 진행하지 않게 하는데 주의해야 한다.

4) 분말X선회절을 이용한 방법

일정한 깊이마다(1cm 정도) 시료를 채취하고 분쇄하여 분말X선회절 장치로 분석하면 탄산칼슘과

Check point!

편광현미경 이용 시 주의사항

박편 시료제작 과정에서 탄산화를 진행하지 않도록 주의한다.

분말 X선회절 이용 시 주의사항

탄산칼슘이 중량비로 5% 이상 있는 경우 중성화깊이를 알 수 있으며, 그 이하의 양에서는 중성화가 생겨도 탄산칼슘을 확인하기 어려운 것도 있으므로 주의해야 합니다.

수산화칼슘의 유무를 판정할 수 있고, 이 결과로 중성화깊이를 구할 수 있다. 따라서 분말X선회절 시험으로 존재를 확인할 수 있는 것은 탄산칼슘이 중량비로 5% 이상 있는 경우이며, 그 이하의 양에서는 중성화가 생기더라도 탄산칼슘을 확인하기 어려운 것도 있으므로 주의해야 한다.

2.3 철근 부식도 조사

콘크리트 안의 철근 부식은 콘크리트 표면의 균열이나 녹물이 흘러나오는 것에 의해 어느 정도 추정할 수 있으며, 철근 부식이 진행되면 이에 따른 구조물의 내구성 저하는 가속도가 붙어 빨라진다. 콘크리트 안의 철근이 부식하여 이 증상이 콘크리트 표면에 나타나는 시점에서는 이후의 보수도 대규모가 되므로 조기 보수가 바람직하며, 최상의 방책은 철근 부식을 예방하는 방식을 설계단계부터 고려해야 한다.

1장에서도 언급했듯이 철근부식의 조사방법으로는 육안검사방법, 직접법, 자연전위법, 분극저항법, 전기저항법으로 나누어진다.

표 2-2. 철근 부식도 등급

등급	철근의 상태
A	흑피의 상태 또는 녹이 있지만 전체적으로 얇고 치밀한 녹으로 콘크리트 면에 녹이 부착되어 있지 않은 상태
B	콘크리트 면에 녹이 부착되어 있는 상태
C	부분적으로 들뜬 녹이 있지만 작은 면적에 반점상이 있는 상태
D	단면결손을 눈으로 확인 · 관찰 할 수 없지만 철근 표면의 둘레, 전체 길이에 걸쳐 들떠 있는 녹이 발생한 상태
E	단면 결손이 일어난 상태

1) 육안검사방법

표면적인 균열이나 부식 등과 구조형상 변화를 조사하는 방법으로 사용된다. 이 방법은 구조물의 전반적인 상황과 구조물의 국부적 결함도 아울러 검토할 수 있는 가장 일반적이면서도 경제적인 방법이라는 장점이 있다. 그러나 구조물의 내부적 결함이나 피로손상을 조사하는 방법으로는 부적합한 방법이다.

철근에 녹이 상당히 진전된 경우에는 이 부분의 콘크리트를 제거하여 철근을 노출시키고 부식의 정도를 조사한다. 철근의 녹은 표변에 산화막을 형성시키며, 하중, 외력 등에 의해 산화막이 파괴되면 녹의 진행이 촉진되고 철근 단면이 감소된다. 철근 부식량 조사는 다음의 항목을 조사한다.

① 노출 철근의 종류 조사 : 노출된 철근의 종류 및 종별 조사
② 녹 발생 범위조사 : 녹발생 개소의 길이, 철근 주위의 녹 상황
③ 철근 단면적 감소 조사 : 철근의 산화피막을 와이어브러시로 제거한 후 유효단면적 측정 콘크리트의 중성화조사
④ 부식도 평가 : 철근의 부식도는 표 2-2와 같이 철근 부식도 등급에 따라 평가한다. 평가결과가 A~D 등급에 해당한 경우에는 피복콘크리트를 철저히 보수해야 하고, E등급에 해당한 경우에는 피복콘크리트에 대한 보수와 철근 결손에 대한 보강을 하여야 한다.

2) 직접법

철근을 콘크리트에서 직접 채취하여 철근의 발청 면적이나 철근 중량의 감소량을 조사하는 방법이다.

① 조사항목
② 철근의 부식 면적률=철근구조물에서 채취한 철근에 대하여 부식상황을 정확히 나타낸 전개도를 작성한다. 또한 부식 부분의 면적을 프라니메터 및 화상처리 장치 등으로 측정하고, 철근의 표면적으로 나누어 부식 면적률(%)을 구한다.
③ 녹제거 후의 중량과 부식 전의 중량을 근거로 식에 의해 철근의 중량 감소율(%)을 산출한다.

그림 2-11. 검사를 위한 철근 노출작업

표 2-3. 조합전극의 종류에 따른 전위

조합전극 종류	약칭	전위(V)
동황산동 전극 (포화)	CSE	+0.316+0.00090 (t=25)
은염화은 전극 (포화)	Ag/AgCl	+0.196−0.00110 (t=25)
연전극	PRE	0.483+0.00024 (t=25)
카로멜 전극 (포화)	SCE	+0.242−0.0076 (t=25)

표 2-4. 자연전위의 측정순서

순서	구 분	설 명
1	철근 사이 도통(導通) 확인	복수의 노출철근 사이에서 전기적 도통을 확인
2	콘크리트 표면의 습윤화	콘크리트면에 수도수 등의 청정한 물을 산수분무하여 습윤상태로 유지
3	철근과의 접속	전위차계의 +단자에 내부 철근을 −단자에 조합전극을 접속
4	조합전극 접촉	측정한 콘크리트면에 조합전극을 접촉
5	자연전위 측정	전위차계에서 자연전위를 측정하고 기록

3) 자연전위법

대기 중에 있는 콘크리트구조물의 철근 등 강재가 부식환경에 있는지 여부를 알아보는 법이다. 즉 조사시점에서의 부식 가능성에 대하여 진단하는 것이고, 구조물 내에서 부식 가능성이 높은 위치를 찾아내는 것을 목적으로 한다. 즉 구조물이 사용되는 시점부터 내부 철근이 부식되고, 부식에 의해 피복콘크리트에 균열이 발생하기까지의 콘크리트구조물이 열화하는 초기단계 진단에 유효한 방법이다.

자연전위법의 원리는 철근이 부식(애노드, 캐소드 반응)을 일으키면서 발생하는 마이너스 전하(e^-)를 검출하는 것으로 부식상황에 따라 변동하는 전위를 측정하는 것에 의해 철근의 부식을 추정하는 것이다.

전위측정에는 조합전극과 전위차계가 사용된다. 조합전극의 종류는 다양하지만 콘크리트 중에 강재 측정에는 동황산동 전극, 은염화은 전극, 납 전극 및 카로멜 전극 등이 이용되고 있으며, 표 2-3은 조합전극의 종류에 따른 전위를 보여준다.

전위차계로는 전류를 가능한 한 흐르지 않도록 전위차를 계측하는 것이 바람직하기 때문에 입력저항이 100MΩ 이상, 분해능력이 1mV 이하의 직류전압계를 사용한다. 또한 최근에는 측정값의 자동기록이나 현장에서 영상처리를 가능하게 한 마이콤 탑재형의 측정장치도 시판되고 있다.

조사방법은 조합전극의 선단에 함수된 스펀지를 감싸서 콘크리트 표면의 측정점에 밀착되게 유지한 후 지시값이 안정될 때까지 기다렸다가 읽으면 된다.

측정값은 조합전극의 종류에 따라 다르기 때문에 사용한 조합전극의 약호를 측정값 뒤에 기재하는 것이 일반적이다. 예를 들면, 동황산동전극에서 측정한 값은 ○○V vs CSE, 은염화은전극의 경우는 ○○V vs Ag/AgCl로 기재한다. 또한 측정시의 날씨와 소요시간, 산수 등의 사전처치 등 측정한 때의 제 조건을 기재해 놓는 것도 중요하다.

측정결과는 측정 대상 부재 중 각 측정값의 분포 상태를 이해하기 쉽도록 등전위선도나 누적도수빈도 등으로 정리한다. 등전위선도를 도면상에 전위가 같은 지점의 등고선을 그린 것으로 얻어진 전위 맵에서 철근의 부식부와 건전부를 추정하는 것에 이용한다. 또한 누적도수빈도는 전 측정전위를 정규 확률치에 플로트한 데이터와 가장 상관성이 높은 직선을 찾아 얻은 것으로, 일정값보다 낮은 값을 보이는 자연전위측정치 비율을 결정하는 것에 사용된다.

자연전위에 의한 철근의 부식성 평가는 전위측정값 및 전위분포에 의해 행한다. 표 2-5는 자연전위 측정값 E에 근거한 평가기준을 보여준다.

또한, 실구조물의 조사는 자연전위측정값에 근거한 평가를 확인하기 위해 최초 조사에서 강재의 부식 상태를 육안으로 확인하는 것이 좋다. 이때 최초의 조사를 행하는 개소는 자연전위분포에서 가장 많은 부식경향이 확인될 수 있는 위치 및 반대로 건전한 상태로 추정되는 위치를 선택하는 것으로 그 부재의 강재 부식상태를 합리적으로 확인하는 것이 가능하다. 자연전위법은 그 원리가 단순하여 특수한 기기를 필요로 하지 않는 간단한 것에서부터 널리 사용되고 있지만, 조사시점에서 부식의 가능성에 대하여 진단하는 것이지 철근의 부식속도를 측정하는 것은 아니다. 그리고 콘크리트가 충분히 습한 경우에만 정확한 전위값이 얻어지는 것임에 유의해야 한다. 그러므로 ① 콘크리트 표면이 매우 건조하여 전기적인 절연체에 가까운 경우, ② 콘크리트 표면에 도장 등 절연재료가 피복되어 있는 것 같은 경우, ③ 콘크리트 표면이 항시 물로 채워져 있는 경우나 ④ 에폭시 수지 도장

표 2-5. 자연전위값에 근거한 평가기준

자연전위(E) (V vs CSE)	철근부식 가능성
$-0.20 < E$	90% 이상의 확률로 부식하지 않는다.
$-0.35 < E \leq -0.20$	불확정
$E \leq -0.35$	90% 이상의 확률로 부식한다.

그림 2-12. 해상구조물의 부식

표 2-6. 분극저항 측정순서

순서	구 분	설 명
1	철근 탐사 (위치, 피복두께 등)	-철근탐사기에 의해 조사범위의 철근 위치를 알아냄 -철근지름과 피복두께를 기록
2	철근 간의 도통 확인	-여러 개의 노출철근에서 전기적 도통을 확인
3	콘크리트 표면의 습윤화	-콘크리트면에 수도수 등의 청결한 물을 살수 분무하여 습윤상태로 유지
4	철근과의 접속	-측정기의 한 끝을 내부 철근과 접속
5	센서 접촉	-측정한 철근 바로 위의 콘크리트면에 전류를 통과시키기 위해 상대극과 조합전극에 있는 센서를 눌러 덮음
6	자연전위의 측정	-자연전위를 측정 기록
7	분극저항 측정	-대표적인 고저 2주파수의 교류 임피던스 측정에서 분극저항을 구함
8	부식속도 평가	-측정된 분극저항과 철근의 피측정 면적에서 단위 면적당 분극저항을 구하고, 부식속도를 평가

철근 및 아연도장철근 등 표면이 코팅되어 있는 철근의 경우에는 적용할 수 없다.

4) 분극저항법

분극저항법에서는 자연전위법과 달리 콘크리트구조물 등 철근의 부식속도와 관계 있는 정보를 얻을 수 있다. 이 방법은 부식의 가능성은 물론 연속 측정을 함으로써 그 시간적분값으로 부식량을 추정할 수 있는 가능성이 있다.

또한 본 방법은 자연전위법과 같이 구조물 내에서 부식이 시작되고 부식에 의해 피복콘크리트에 균열이 발생하는 시기까지의 초기단계 진단에 유효하다. 분극저항 측정순서는 표 2-6과 같다.

계측할 때 유의점은 자연전위와 같이 피복콘크리트의 함수율에 따라 계측결과가 영향을 받는 것이다. 계측 대상 콘크리트면을 습포로 덮는 등의 방법에 의해 콘크리트 표면이 습한 상태에서 계측하는 것이 좋다.

실제 구조물 중 철근을 대상으로 하는 경우에는 대극에서 흘러나오는 전류에 의해 영향을 받는 철근 표면적(피측정 면적)을 어떻게 평가하는가도 하나의 문제이다. 이에 대해 철근 직경이나 배근 상태를 고려하여 실험 및 해석에 의해 구한 전류분포에서 피측정 면적을 고려하는 방법이나 이중구조를 한 링(ring)상의 전극을 사용하여 전류의 흘러가는 범위를 제한하는 방법 등이 개발되고 있다. 각 계측기 모두 자연전위의 측정으로부터 분극저항 측정, 부식속도 평가까지는 자동화되어 있다.

결과는 측정된 분극저항(Ω)이며, 철근의 단위면적당 분극저항(Ωcm^2)을 부식속도 지표 그대로 사용해도 무방하지만 부식전류밀도($\mu A/cm^2$)며, 부식도(mdd), 침식도(mm/년)로 정리한 경우가 많다. 현재, 분극저항에 의한 부식속도의 평가에 대해서는 위와 같이 규격화된 것은 없고, 시안(試案)이나 민간 수준의 평가기준이 제안되고 있는 단계이다. 따라서 다른 계측기로 얻어낸 부식속도 측정치를 비교 · 평가하기 위해 공통의 규준은 없는 것이 현황이다. 예를 들면, 2중 구조물로 된 링상의 전극을 사용하여 얻어낸 부식속도 측정치를 해석하는 규준으로서 표 2-7의 CEB(유럽 콘크리트위원회)에서 제기한 부식속도의 표가기준이 있다. 또한 분극 저항법은 자연전위법과 같은 전기화학적 수법이므로 측정을 계획하는 경우에는 다음과 같은 한계가 있음에 유의해야 한다.

① 콘크리트 표면이 매우 건조하여 전기적으로 절연체에 가까운 경우, 콘크리트 표면에 도장 등의 절연재료가 피복되어 있는 경우에는 적용되지 않는다.

② 계측 대상의 콘크리트 표면은 균열이며, 요철이 없이 매끄러워야 한다.

③ 철근은 콘크리트와 직접 부착되어야 한다. 부식에 의한 균열이 진전되어 균열폭이 커져서 철근콘크리트와 직접 부착되지 않은 경우에는 적용되지 않는다.

④ 콘크리트 표면이 늘 물에 잠겨 있는 경우에는 적용되지 않는다.

⑤ 에폭시수지 도장 철근이며, 아연도금한 철근 등 표면이 피복되어 있는 철근에는 적용되지 않는다.

⑥ 미소전류가 존재하는 장소, 강한 자장이 작용하고 있는 장소에는 적용되지 않는다.

Check point!

분극저항법 계측시 유의점

피복콘크리트의 함수율에 따라 계측결과가 영향을 받으며 계측 대상 콘크리트면을 습포로 덮는 등 콘크리트 표면이 습한 상태에서 계측하는 것이 좋다.

표 2-7. CEB에 의한 부식속도의 표가기준

부식속도 측정치 (μA/Cm^2)	부식속도의 표가	분극저항 (ΩCm^2)
0.1~0.2 미만	부동상태 (부식하지 않음)	130~260 보다 클 때
0.2 이상, 0.5 이하	저~중 정도의 부식속도	52 이상, 130 이하
0.5 이상, 1 이하	중~고 정도의 부식속도	26 이상, 52 이하
1보다 클 때	격렬하고 높은 부식속도	26미만

5) 전기저항법

대기 중에 있는 콘크리트구조물을 대상으로 철근 등의 강재를 감싼 콘크리트의 부식환경 인자 상황에 관하여 진단하는 방법이며, 전기저항은 주로 콘크리트의 함수율과 염화물함유량 등의 영향을 포괄하는 것과 같은 특성치이다. 원리로는 자연전위에서 서술한 바와 같이 콘크리트 중에서 강재부식은 전자와 이온 등 전하의 이동을 동반하는 전기화학적 반응인데, 부식속도를 지배하는 요인으로는 ① 산소의 공급량, ② 수분의 존재 상황, ③ 콘크리트의 전기저항(비(比)저항)을 들 수 있다. ①의 산소와 ②의 물은 부식반응 중의 캐소드반응에 필요한 것이다. 한편, ③의 전기저항은 콘크리트 조성, 시멘트 페이스트의 세공(細孔)구조, 콘크리트 함수량, 염화물이온 등의 염류함유량에 의존하고, 콘크리트 내에서의 이온 이동의 용이도를 좌지우지하며, 부식전지 내를 흐르는 부식전류의 크기(부식속도)를 지배한다고 사료된다. 이러한 콘크리트의 전기저항측정법으로는 일반적으로 4점전극법(Wenner법)이라고 하는 측정방법을 취한다. 이는 토양저항의 측정에 사용되고 있는 방법으로서 등간격 a에 한 줄로 나란한 4개의 전극 중, 양단의 전극 A, B와 내측 2개의 전극 C, D간에 측정된 전위차 $\Delta\phi$에서, 아래 식에 의해 비저항(저항률이라고도 함) ρ를 구한다. 또한 전극간격은 철근의 영향을 피하기 위해 피복두께 이하로 하는 것이 바람직하다.

$$\rho = 2\pi\alpha\Delta\phi / I_p$$

여기서, ρ : 콘크리트의 비저항(Ωcm)

α : 전극의 간격(cm)

$\Delta\phi$: 전극 C, D간의 전위차 실측치(V)

I : 전극 A, B간을 통하는 전(全)전류(A)

기기 및 장치로는 실구조물 표면에서 콘크리트의 전기저항을 4전극법으로 계측하는 경우 4개의 전극과 전류이며 전위를 제어·계측하기 위한 기기가 필요하지만 이러한 기능을 통합한 휴대용 계측기가 실용화되어 있고, 현장계측도 간단히 할 수 있게 되어 있다. 조사방법은 현장용 계측기를 사용하여 전기저항을 측정하는 경우 4개의 전극을 하나로 묶은 센서를 계측하는 콘크리트 표면에 밀착시키면 된다. 단, 콘크리트 표면에 각 전극 사이를 연결해주는 떠 있는 물이 있어서는 안 된다. 즉 콘크리트 표면의 습윤상태에 따라 영향을 받기 쉬우므로 주의를 요한다.

측정결과는 Ωcm를 단위로 한 비저항(저항률)으로 정리하고, 철근의 부식성 관계에 대하여 검토된 예로는 표 2-8에 나타낸 것과 같다.

본 법을 적용할 때 유의할 점으로 전기저항은 철근의 부식상태를 직접 나타낼 수 없고, 4점전극법에 의한 측정은 전극의 간격이나 전극선단의 습윤상태 퍼짐 정도에 따라 어느 회로의 전기저항을 측정하고 있는지 보증이 없고, 단지 표층의 전기저항을 측정하는 것에 불과하다.

표 2-8. 비저항(저항률)에 따른 철근의 부식성 관계

Cavalier and Vassie		Taylor Woodrow Res. Lab.		무약(武若) 및 소림(小林)	
비저항 범위	부식성	비저항 범위	부식성	비저항 범위	부식성
>12,000	징후 없음	>20,000	없음	>10,000	작음
5,000~12,000	위험성 있음	10,000~20,000	작음	5,000~10,000	불명확
		5,000~10,000	큼		
<5,000	확실	<5,000	매우 큼	<5,000	큼

3. 부식과 환경

제3장에서는 다양한 환경(대기, 해수, 담수, 토양)에서의 부식 및 부식저감 방법에 대하여 알아본다. 특히 다양한 환경 내 부식영향인자를 통하여 부식저감방법에 대하여 설명한다.

3.1 대기 부식

그림 3-1. 대기 부식(밸브 부식)

지구표면에 존재하는 자연상태의 공기를 대기(atmosphere)라 하며, 이 대기환경에서 금속재료가 물과 산소의 작용을 통한 전기화학반응에 의해 부식되는 것을 대기부식(atmospheric corrosion)이라 한다.

대기에서의 부식반응은 수중에서의 부식반응과 마찬가지로 대부분 전기화학반응으로, 양극(anode)반응은 금속의 용해반응, 음극(cathode)반응은 용존산소의 환원반응이 주반응이다. 따라서 대기환경에서의 금속재료 부식은 표면에 수분이 존재함으로써 발생하는 현상이다.

대기 중 공기에는 질소가 약 80%, 산소가 약 20%로, 여기에 미량의 탄산가스와 아르곤가스 등이 포함되어 있다. 이중 아황산가스(SO_2), 황화수소(H_2S) 등의 가스류와 개체물질과 같은 오염물질은 공업단지 및 도시 등에서 많이 발생하며, 부식의 주원인이다. 아황산가스는 금속 표면의 수막 중에서 황산을 형성시켜 pH를 낮추고, 부식생성물(녹)에 흡수되어 다음과 같이 새로운 부식생성물(녹) 생성을 위한 촉매로 작용한다.

대기오염 정도는 그 환경의 입지조건(생산활동, 사회활동, 자연조건 등)에 의해 크게 좌우된다.

표 3-1. 대기오염 정도가 다른 장소에서의 탄소철강 부식속도 비교

대기오염의 정도	조사 장소	부식속도 (μm · 년$^{-1}$)
공업단지	Most(체코)	39
	Kopisty(체코)	52
	Auby(프랑스)	50
	Duisburg(독일)	70
도시	Stockholm(스웨덴)	30
	Prague(체코)	28
	Moscow(러시아)	20
	St.Denis(프랑스)	18
농촌	Flahult(스웨덴)	8
	Zvenigorod(러시아)	7
	Kasperske Hory(체코)	9
	Picherande(프랑스)	6

$$2Fe \xrightarrow{2H_2SO_4 + O_2} 2FeSO_4 \xrightarrow{O_2 + 2H_2SO_4} Fe_2(SO_4)_3 \xrightarrow{3H_2O} Fe_2O_3 + 3H_2SO_4$$

대기환경에서 금속재료 표면은 대기상태(기온, 습도, 강수, 풍향, 풍속 등)의 변화로 습윤과 건조를 반복하는데, 대기 부식은 표면의 습윤상태에 따라 다음과 같이 분류된다.

① 건조 대기 부식(Dry atmospheric corrosion) : 표면에 수막이 존재하지 않을 때의 대기 부식으로 부식속도는 느리다.

② 습한 대기 부식(Moist atmospheric corrosion) : 상대습도 100% 이하의 분위기에서 육안으로 볼 수 없는 얇은 수막이 표면에 존재할 때의 대기 부식으로 부식속도는 수막의 두께가 두꺼워짐에 따라 급격히 증가한다.

③ 젖은 대기 부식(Wet atmospheric corrosion) : 육안으로 보이는 수막이 존재할 때의 대기 부식으로 결로, 강우, 안개 등에 의해 1μm 이상의 수막이 존재할 경우 부식속도는 빠르지만 수막의 두께가 두꺼워질수록 감소한다. 이러한 수막형성에 미치는 인자로는 다음과 같이 4가지로 요약할 수 있다.

㉠ 분위기의 상대습도

㉡ 분위기의 온도와 금속 표면과의 온도차

㉢ 금속 표면의 요철

㉣ 금속 표면의 부착물(특히 염분 부착)

이처럼 대기 부식은 금속 표면의 수막상태에 따라 크게 3가지로 분류되며, 부식속도는 수막의 두께에 의존하는데, 약 1μm 이하의 수막인 경우는 수막이 두꺼워짐에 따라 급격히 증가한다. 그러나 실제 대기 중에는 여러 가지 오염물질이 포함되어 있어 이러한 오염물질이 금속재료 표면에 존재하는 수막에 용해되어 전해질용액을 형성한다. 이러한 전해질용액은 기상조건 및 환경조건(오염물질의 종류, 농도)의 변화에 따라 항상 변동하는 것이 특징인데, 전해질 용액의 상태에 따라 대기 부식속도도 크게 좌우된다.

즉 대기 부식은 그 지역의 기상조건 및 대기환경, 오염 정도에 따라 크게 변동하며, 금속재료의 종류에 따라 오염물질과의 반응성이 다르므로 대기 부식은 점점 복잡한 양상을 보인다.

3.1.1 대기에 의한 부식 진행

1) 대기 부식에 관여하는 환경 인자

대기 부식의 주원인은 물과 산소인데, 실제 대기 중에는 여러 가지 오염물질이 존재하고 있어 이들이 금속 표면의 물에 용해되면서 전해질액막을 형성하기 때문에 부식속도는 전해질액막의 상태와 전해질의 종류, 그리고 농도에 의해 크게 좌우된다. 대기 중에서 재료의 열화에 영향을 미치는 주요한 환경인자를 그림 3-2에 정리하였다.

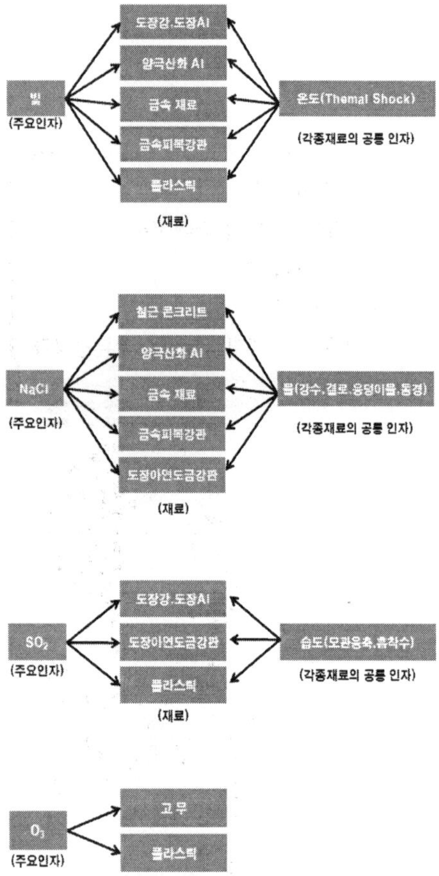

그림 3-2. 대기 부식에 중요한 환경인자

대기 부식을 일으키는 첫 번째 원인인 금속 표면의 물 공급원은 대기 중에 포함된 수분과 강우이다. 이는 대기 중 기체상태로 존재하는 수증기로서 포함된 양(포화수증기량이라 한다)은 그림 3-3에 나타낸 바와 같이 온도에 따라 변한다. 상대습도(Relative humidity)는 일정온도의 대기 중에 포함된 수증기량(절대습도)을 그 온도의 포화수증기량에 대한 백분율(%)로 나타낸 것으로 % RH(Realative Humidity)로 표기한다.

그림 3-3과 같이 온도가 상승하면 포화수증기량이 지수관계적으로 증가하고, 동일한 상대습도라도 온도가 높을수록 단위체적당 대기에 포함되는 수증기량은 많다.

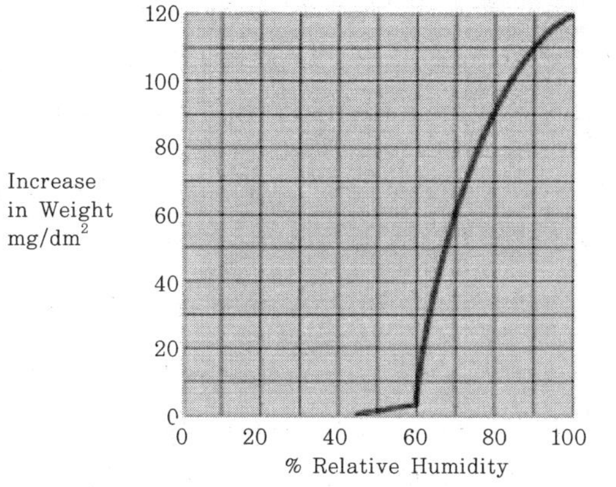

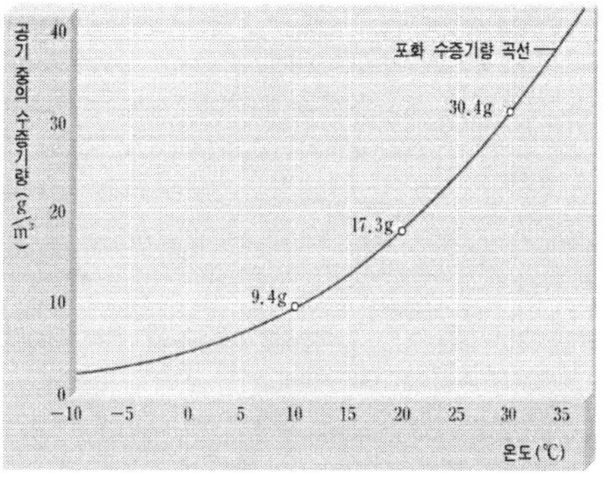

그림 3-3. 온도에 따른 수증기

이와 같이 대기 중 온도에 따라 수증기가 발생하게 되어 부식을 야기시킨다.

첫 번째, 상대습도 100% 이하에서 발생하는 대기 중 수분의 흡착응축에 의한 물은 부식을 위한 공급원으로 작용한다. 대기 부식속도는 상대습도 60%RH 부근에서 급격히 증가하는데, 이러한 습도를 임계습도(Critical Humidity)라 하며, 수분의 흡착량이 급격히 증가하는 상대습도와 거의 일치한다. 임계습도는 금속 표면의 상태 및 대기 오염상태에 따라 다르지만 일반적으로 50~70%RH 사이이다. 수분의 응축이 일어나는 원인에는 흡착응축 이외에 금속 표면에 부착된 먼지, 분진 등 고체형 물질의 작은 구멍과 그 밑의 틈, 표면의 스케일과 녹층의 작은 구멍, 갈라진 틈에서 일어나는 모세관응축, 부착된 염류에 의한 흡습(화학응축) 등이 있다. 모세관응축은 표면에 형성된 모세관 내부에 물이 응축하는 현상으로 상대습도가 낮아도 많은 양의 물이 응축된다. 한편 염류에 의한 흡습은 그 염류의 흡습성에 의존하고, 대기환경의 상대습도가 염의 평형습도보다 높을 경우 부착된 염은 흡습하며 염 수용액을 형성, 물의 공급원이 되어 부식을 증대시킨다. 염류의 평형습도가 낮을수록 쉽게 흡습현상이 일어난다.

Check point!

임계속도

대기 부식속도가 상대습도 60%RH 부근에서 급격히 증가할 때의 습도로 수분의 흡착량이 급격히 증가하는 상대습도와 거의 일치한다.

두 번째, 대기 중의 수증기량이 그 온도의 포화 수증기량보다 많아지면 대부분의 수증기는 액체인 물로 석출되어 결로를 일으킨다. 이는 수증기가 물체 표면에 석출한 상태를 말하며, 상대습도가 높으면 약간의 온도변화만 있어도 결로가 일어난다. 예를 들어 30℃, 90%RH의 대기 중에는 27.35g/m^2의 수증기가 포함되어 있다. 그림 3-3에서 30℃의 포화 수증기량은 30.39g/m^2이다. 따라서 90%이므로 수증기량은 28.1℃의 포화수증기량에 상당하며, 온도가 1.9℃ 내려가면 결로가 시작된다. 결로가 시작되는 온도를 노점온도라 한다.

세 번째, 강우는 물의 공급원으로서 금속 부식에 영향을 미치지만 금속 표면에 부착한 오염물질이나 부식생성물을 세정하는 클리닝작용이 있어 직사광선 및 풍우에 직접 노출되는 부위의 부식이 다른 부위에 비해 적다. 앞서 언급했던 것과 같이 대기 부식에 영향을 미치는 오염물질에는 먼지, 분진, 해염입자 등의 고체형 물질과 SO_2, NOx, 황화수소(H_2S) 등의 가스형 물질이 있다. 먼지, 분진 등은 표면에 부착되어 대기 중 수분의 모세관응축의 원인이 될 뿐 아니라 여기에 포함된 수가용성 염류, 특히 황산이온(SO_4^{2-}) 및 염소이온(Cl^-) 등이 부식을 촉진시킨다. 해염입자는 대기 중에 비산한 해수가 바람에 의해 운반된 해수미스트로, 금속 부식에 있어서 특히 주의해야 할 환경인자이다. 예를 들어 염분의 비산량은 풍향과 풍속에 따라 달라서 통상 해안으로부터의 거리에 대응하고 지수관계적으로 감소하지만, 태풍 시에는 내륙 깊숙이까지 염분이 대량으로 유입되는 경우가 있다. 철강의 부식은 이러한 염분량에 많은 영향을 받는다. 해염입자의 성분은 NaCl이 약 75%를 차지하며, 기타 K_2SO_4, $MgCl_2$, $CaCl_2$ 등이 미량 포함되어 있다. 따라서 해염입자가 부착된 경우 평형습도가 낮은 염을 포함하므로 낮은 상대습도에서 흡습을 시작하여 높은 흡습성을 나타낼 뿐만 아니라 부식생성물을 수가용성 화합물로 변화시키기 때문에 부식작용이 큰 인자로 작용하게 된다. 해염입자의 부식성은 그 속에 포함된 염소이온의 작용에 의한다. 최근 자동차 부식에서 문제되고 있는 염해는 북미나 북유럽 등 추운지방에서 겨울철에 많이 사용되고 있는 동결방지(보통 염화칼슘)에 기인하는 부식이다. 이 동결방지 빙설융해제의 주성분도 NaCl이므로 해염입자와 마찬가지로 심한 부식환경을 형성한다.

최근 전세계적인 환경오염으로 문제되고 있는 산성비의 원인물질은 대기 중에 방출된 SO_2와 NOx이다. 미국의 경우는 pH 5.0 이하를, 일본의 경우는 pH 5.6 이하(대기 중의 탄산가스로 포화된 pH 값)의 강우를 산성비라 한다.

SO_2는 수용성이 높기 때문에 물에 용해되어 각종 산화제(산소, 오존, OH기 등)에 의해 산화되어 황산(H_2SO_4)으로서 작용한다. 황산은 금속이나 그 부식생성물과 반응하여 가수용성의 황산염(Fe_eSO_4, $ZnSO_4$, $6H_2O$ 등)을 생성하므로 부식작용이 심하다. SO_2의 발생원에는 인위발생원(화석연료의 연소)과 화산활동에 의한 자연발생원이 있다.

Check point!

대기 부식 영향 물질

먼지, 분진, 해염입자 등의 고체형 물질과 SO_2, NOx, 황화수소(H_2S) 등의 가스형 물질이 있다.

(1) 실내부식

실내에서의 대기 부식은 실외의 대기 부식과 비슷하지만 일반적으로는 습도조건, 대기의 오염 정도 등 환경조건이 양호하기 때문에 실외에 비해 비교적 양호한 편이다. 부식발생의 원인이 되는 금속 표면에의 물공급은 강우에 의한 것을 제외하고는 실외에서의 경우와 동일하다.

그림 3-4. 콘크리트 벽체의 결로현상

실내 대기에는 빌딩, 공장, 창고, 목조가옥, 그리고 공간의 사용형태, 공기조절 유무, 욕실 · 부엌 · 화장실 등 다양한 사용환경이 예상 가능하다. 모든 실내 대기환경에서의 부식은 금속 표면에 수분이 응축 또는 결로되어 여기에 대기 중의 오염물질이 용해되어 부식조건을 형성하면서 시작된다. 일반적으로 사무실 및 주거환경 등은 상대습도가 낮고, 오염물질 농도도 낮아 부식은 그다지 문제되지 않는다. 그러나 욕실, 부엌, 화장실 등에서는 수증기 및 오염가스 발생원이 존재하여 고습도상태의 환경을 형성하므로 철재 부분 및 창틀, 세탁기 등의 전기제품에 비교적 부식이 많이 발생한다. 공장 내에서는 생산공정 중 산 및 알칼리 수용액의 비산, HCl 등 부식성 가스가 발생하는 경우가 있는데, 이 경우에는 주변의 기계장치 및 구조물에 심한 부식이 발생한다.

공조설비가 없는 자재창고나 제품창고에서는 온도분포 및 풍속 등에 의한 온도변화로 결로를 일으켜 부식이 발생하기도 한다. 실내 부식에서 문제되는 것은 모든 분야에 보급된 전자기기 부식이다. 전자기기는 매우 미세한 부식이라도 고장의 원인이 된다. 전자기기 부식에 영향을 미치는 환경인자로는 실외 대기와 마찬가지로 온도, 습도, 오염가스, 먼지 등이 있는데, 실내의 상대습도가 낮더라도 주야간의 온도차나 야간 시 공기조화장치 정지에 의한 결로가 발생한다.

전자기기에 사용되는 금속재료 부식과 습도와의 관계(그림 3-5 참조)는 금속의 종류에 따라 습도 의존성이 다르며, 임계습도의 존재가 명확히 나타난다.

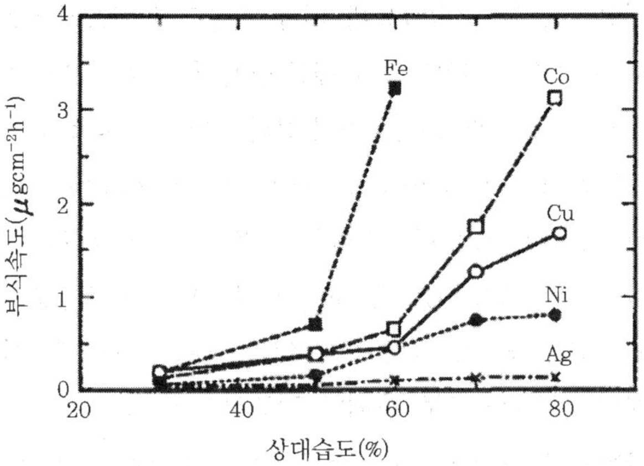

그림 3-5. 주요 금속재료에 대한 부식속도의 상대습도 의존성

Check point!

강의 부식
대기 중에 노출되는 기간이 길어지면 강 표면에는 여러 가지 부식작용이 반복되면서 녹층이 형성된다.

부식에 영향을 미치는 대기오염가스로는 실외와 마찬가지로 SO_2, NO_2, H_2S, HCl, Cl_2, NH_3 등을 들 수 있다. SO_2, HCl_2, Cl_2는 발생원이 주로 실외인 관계로 실내에서의 농도는 낮지만 발생원이 실내일 수도 있는 NO_2, H_2O, NH_3는 그 농도가 실외와 같거나 또는 그 이상인 경우가 있다. 발생원이 실외인 경우라도 창가 및 출입구에 접한 곳에서는 가스의 축적량이 증가하여 부식이 발생하기 쉽다.

H_2S는 하천의 오염, 폐기식품의 부패 등이 발생원이 되므로 실내에서는 주방이나 공조기 부근에서 심하다.

(2) 강의 부식

대기 중에 노출되는 기간이 길어지면 강표면에는 여러 가지 부식작용이 반복되면서 녹층이 형성된다. 강의 부식속도는 폭로기간과 함께 감소하다가 일정기간이 지나면 거의 일정한 속도를 유지하게 된다. 강표면에 형성된 녹층은 (공업지대에서 발생한 녹층) 많은 미세한 틈이 존재하는데, 성기고 느슨하게 부착되어 있는 외층과 강표면에 강하게 밀착되어 있는 내층의 2층 구조로 이루어진다. 대기 부식속도가 시간이 지나면서 점차 감소하는 것은 녹층의 보호작용에

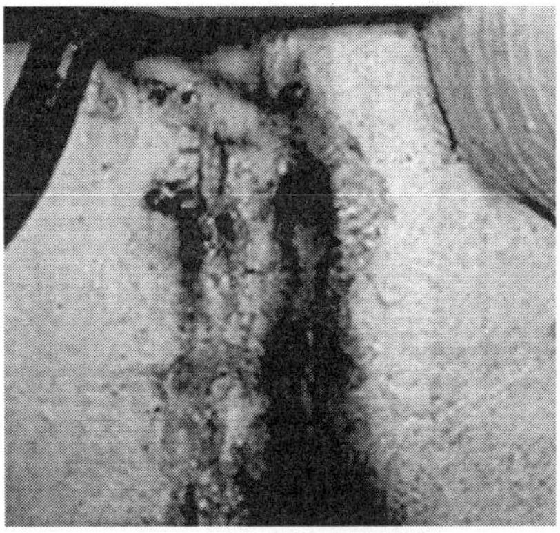

그림 3-6. 강의 표면 부식

의한 것으로 부식반응에 대한 정상적인 보호작용을 하는 녹층이 형성되었기 때문이다. 철강의 녹층을 X선으로 조사해 보면, 비정질의 옥시수산화철과 γ-FeOOH(Lepidocrocite), α-FeOOH(Goethite) 및 Fe_3O_4(Magnetite)의 결정질 성분으로 구성되어 있다. 강의 녹층 형성은 우선 γ-FeOOH를 주성분으로 하는 녹층이 형성되고, 이 γ-FeOOH가 대기환경의 부식작용으로 용해와 건조시의 공기산화를 반복하면서 점차 α-FeOOH나 Fe_3O_4(녹층의 캐소드반응 $6FeOOH + 2e \rightarrow 2Fe_3O_4 + 2H_2O + 2OH^-$)로 면해 내층에 열역학적으로 안정된 α-FeOOH의 녹층을 형성한다. 내후성 강의 내식성이 우수한 이유는 미세하고 치밀한 α-FeOOH의 안정된 녹층이 내층에 형성되기 때문이다. 녹층 중의 결정질 성분은 대기환경에 의해 변화하는데, 이 변화의 과정에는 대기환경의 수분, 오염인자 등이 영향을 미친다.

즉 SO_2의 오염이 심한 공업지역이나 도시지역의 경우는 녹층에 γ-FeOOH가 많은 반면, Fe_3O_4는 적다. 또 Cl^-(해염입자) 오염이 심한 해안지역에는 γ-FeOOH가 적고, Fe_3O_4가 많으며, 오염상태가 비교적 양호한 전원지역에는 α-FeOOH가 많다. SO_2는 녹층 또는 강과 반응하여 수가용성의 황산철($FeSO_4$)을 형성해 녹층의 내층 또는 금속과 녹층의 경계면에 집중하여 수가용성 황산철의 집합체를 형성하면 반응식은 다음과 같다.

$$4FeSO_4 + O_2 + 6H_2O = 4FeOOH + 4H_2SO_4$$
$$4H_2SO_4 + 4Fe + 2O_2 = 4FeSO_4 + 4H_2O$$

이렇게 형성된 황산철은 물의 존재하에서 가수분해하여 다시 황산을 생성하여 부식을 촉진시키는데 이것을 자기촉매반응이라 한다. 녹 중의 황산은 비에 씻겨 내려가거나 녹과 함께 비산해 녹 중에서 난

용성 물질로 되기까지 부식작용을 반복한다. Cl^-(해염입자) 오염환경에서는 초기 부식생성물로서 불안정한 β-FeOOH가 생성되어 β-FeOOH → Fe_3O_4의 반응으로 Fe_3O_4가 다량 생성되므로 보호성이 큰 녹층의 형성이 어려워 부식속도가 커진다. 또한 Cl^- 이온은 스테인리스강 표면에 형성되어 있는 부동태 피막을 파괴한다.

> **Check point!**
>
> **도장강 부식**
> 도장은 외부의 부식성 물질이 금속면에 도달하는 것을 방해하여 부식반응을 억제함은 물론, 방청안료에 의한 방식작용으로 소지의 금속 부식을 방지하는 방식 기술이다.

2) 도장강 부식

도장은 외부의 부식성 물질이 금속면에 도달하는 것을 방해하여 부식반응을 억제함은 물론, 방청안료에 의한 방식작용으로 소지의 금속 부식을 방지하는 방식기술이다. 도장강 부식도 무도장강 대기부식과 마찬가지로 도막과 강의 경계면에서 물과 산소에 의한 전기화학반응이다.

(1) 도막 밑 부식

도막을 투과한 물은 철과 도막 사이에 수분층을 형성하여 국부전지를 형성한다. 이때 애노드부에서는 철의 용해반응, 캐소드부에서는 산소의 환원반응이 일어나 도막 밑에서 소지 금속의 부식이 진행된다. 그 결과 도막의 팽창 또는 탈락 등 도막열화가 진행되어 부식은 더욱 확대된다. 도막 밑 부식에 의한 도막열화의 초기 현상인 팽창에는 애노드부에 발생하는 산성 팽창과 캐소드부에 발생하는 알칼리성 팽창이 있다. 여기서 산성이나 알칼리성이란 팽창부 액체의 pH이다. 애노드 반응생성물인 Fe^{2+}는 물과 반응하여 철의 수산화물이 되므로 애노드부 부근은 산성화된다. 이때 도막은 취화되어 깨지기 쉬운데다가 녹의 성장으로 조기에 파괴된다. 한편 캐소드 반응생성물은 OH^-이므로 캐소드 부분은 알칼리성으로 면해 주위 도막의 부착성을 저하시켜 대형 팽창을

그림 3-7. 도장열화가 진행된 강재의 부식

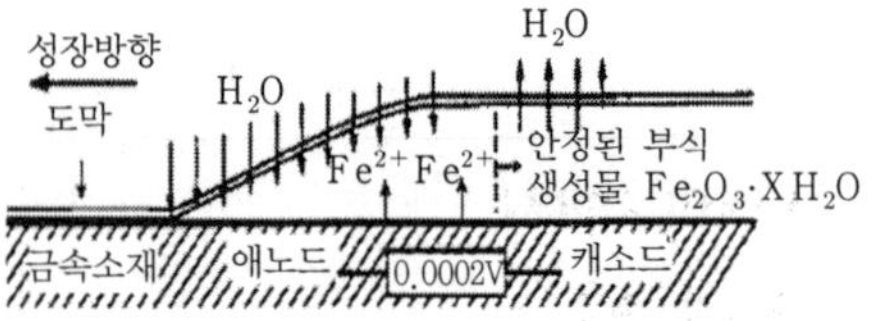

그림 3-8. 부식의 머리 부분 모식도

유발하므로 도막 · 탈락의 원인이 된다.

도막 밑 부식의 특수한 형태 중 하나는 사상부식인데, 이것은 상대습도 65~95%의 고습도하에서 철강, Al, Mg 등에 발생하는 경우가 있다. 이 부식의 특징은 지렁이가 기어간 듯한 자국을 남기며 지렁이의 머리에 해당하는 방향으로 녹이 진행되는 것이다. 철의 경우 모식도는 그림 3-8과 같다. 그림에서 성장방향의 머리 부분에는 청색의 제1철염이 형성되며, 몸체 및 꼬리 부분에는 다갈색의 안정된 제2철염이 생성된다. 내부는 알칼리성으로, 머리부는 애노드, 몸체와 꼬리 부분은 캐소드가 되어 머리방향으로 부식이 진행된다. 만약 머리 부분이 또 다른 사상부식과 만났을 경우 횡단하지 않고 대부분 반사하는 방향으로 진행이 계속된다.

(2) 도막결함부 부식

도막에 핀홀(pin hole), 기계적 손상, 도장 결여 등의 결함부가 존재할 경우 이 결함부가 애노드, 나머지 건전 도막부가 캐소드되어 결함부에 심한 부식이 발생한다. 결함부의 부식속도는 애노드부와 캐소드부의 면적비에 의존하여 면적비가 0.5인 경우는 영향이 그다지 크지 않지만, 이 보다 애노드의 면적이 작아지면 부식속도가 급속히 증가한다. 또한 결함부로부터의 도막박리 및 도막 밑 부식의 확대는 부식환경이나 도막의 성질에 따라 달라지는데, 결함부 주변의 도막이 물이나 전해질에 대한 투과성이 적고 방식성능이 우수할수록 부식은 경미하다.

> **Check point!**
>
> **도막결함부 부식**
>
> 도막에 핀홀, 기계적 손상, 도장 결여 등의 결함부가 존재할 경우, 이 결함부가 애노드, 나머지 건전 도막부가 캐소드되어 결함부에 심한 부식이 발생한다.

3.1.2 대기의 부식성과 부식속도

1) 환경의 분류와 부식성

대기환경에서의 금속부식은 앞에서 설명했듯이 기상인자와 대기오염물질의 영향을 많이 받는다. 따라서 대기의 부식성은 여러 가지 환경인자에 의해 결정된다. 금속의 부식과 관련하여 환경을 분류하면 SO_2 오염이 심한 공장지대, 해염입자가 많은 해안지대, 오염물질이 비교적 많은 도심지대, 그리고 청정한 대기의 전원지대 등 입지조건이나 인간의 사회활동양식을 기준으로 한 분류가 일반적으로 순서대로 부식성이 심한 것으로 알려져 있다. 그러나 최근에는 각종 공해 규제로 인한 배기처리기술 발전으로 공업지대 대기는 개선되고 그 부식성도 감소하고 있어 오히려 해안지대의 부식이 심한 편이다. 이런 분류방법은 대기오염 특성에 근거한 분류로서 환경인자 수준에 근거한 분류는 아니다. 또한 분류환경의 부식성은 대기오염물질의 오염 정도에 따라 변화하기 때문에 큰 의미가 있는 것은 아니다.

그러나 실내 부식에서 설명한 바와 같이 전자기기 등에서는 아주 작은 부식도 사고의 원인이 되므로 전자기기 설치 장소인 실내환경의 부식성은 ISA standard 71-01-1985에 의거하면 대기오염물질에 따라 부식 가능성 정도를 분류하여 시행하고 있으며 그 기준표는 표 3-2와 같다. 이러한 분류는 30일간 방치한 시험판(동, 은, 금도금판)의 부식피막두께를 측정하여 이 결과를 가지고 환경등급을 분류화하였다.

표 3-2. ISA 분류 기준표

구분	ISA Class G1	ISA Class G2	ISA Class G3	ISA Class GX
H_2S	3 이하	10 이하	50 이하	50 이상
SO_2, SO_3	10 이하	100 이하	300 이하	300 이상
Cl_2	1 이하	2 이하	10 이하	10 이상
NOx	50 이하	125 이하	1250 이하	1250 이상
HF	1 이하	2 이하	10 이하	10 이상
NH_3	500 이하	10,000 이하	25,000 이하	25,000 이상
O_3	2 이하	25 이하	100 이하	100 이상

■ ISA Standard 71-01-1985

- G1 : 부식이 장비 신뢰성에 영향을 미치지 않는 잘 제어된 "양호"한 환경
- G2 : 부식이 장비 신뢰성에 영향을 미치는 "불량"인 환경
- G3 : 부식이 실제로 진행중일 가능성이 매우 높은 "심각한" 환경
- GX : 부식에 의해 장비 신뢰성을 전혀 기대할 수 없는 "극심"한 환경

2) 대기환경에서의 부식성

대기환경인자와 철강 부식도와의 관계에 대한 많은 연구가 이루어져 각종 금속에 대한 관계식이 제

안되고 있다. 일본에서는 육상철골구조물 부식연구회가 1955년대 대규모의 대기폭로시험을 실시하여 다음과 같은 관계식을 제시하고 있다.

$$\text{부식도}(mg/dm^2 day) = 0.484 \times (\text{기온 ℃}) + 0.701 \times (\% \, RH) + 0.075 \times (Cl^-, \, ppm) + 8.202 \times (SO_2, \, mdd) - 0.022 \times (\text{강수량}, \, mm/mon) - 52.67$$

이 관계식을 이용하여 대기환경의 부식성 강도를 추정할 수 있지만, 제안 배경이 공장으로부터 대기오염물 배출이 가장 심했던 시기의 자료를 근거로 하고 있어 일본 내 대기환경의 부식성을 나타내는 것은 부적당하다. 최근에는 이 자료가 나온 시기에 비해 공업지대의 대기오염 수준, 특히 SO_2의 오염이 현저하게 감소되어 부식도가 상당히 낮아졌다. 따라서 과거에 발표된 자료와는 상당한 차이가 있다.

도장강재의 내후성은 직사광선으로 인한 도막열화는 물론 각종 부식성 환경인자의 영향을 받는다. 또한 적용된 도장의 종류에 따라서도 달라진다. 완만한 부식환경에 적용되는 일반적인 방식도장계의 경우 재도장 주기는 7~10년을 목표로 하고 있다. 일본의 일부 학자들은 중방식도장인 납계통 녹방지 페인트 및 장유성 프탈산수지도료를 도장한 JR강교의 경우 재도장 주기를 해안지대에서 72~124개월, 공업지대에서 129~206개월, 도심지에서 111~166개월, 그리고 전원지대에서는 117~177개월로 보고하고 있다.

최근 부식환경이 심한 교량에 적용되는 중방식도장계는 15년 이상의 재도장 주기가 요구된다.(최신 적용되는 중방식도장계의 일례는 다음과 같다. 무기징크리치 페인트+무기징크리치 페인트+미스트 코트+에폭시수지도료+불소수지도료 중도+불소수지도료 상도)

3.1.3 대기 부식 경감

대기 부식을 경감시키기 위해서는 내후성 재료를 사용하거나 도장 · 도금 등의 각종 표면처리를 실시할 필요가 있다. 대기환경에서 일반적으로 사용되는 내후성이 큰 금속재료는 방식기구에 따라 크게 두 가지로 나눈다. 즉 티탄, 스테인리스강, 알루미늄 합금과 같이 부동태피막을 형성하여 소지의 부식을 방지하는 금속재료와 내후성강, 아연, 동과 같이 치밀한 부식생성물층을 형성하여 소지의 부식을 억제하는 금속재료이다.

1) 내후성강

Cr, Cu, P를 소량 함유한 저합금강의 경우 대기 부식과 수반하여 대기환경에 대해 보호적인 안정된 녹층을 표면에 형성한다. 대기 부식의 초기에 강표면에 γ-FeOOH를 주성분으로 하는 녹층이 형성된 후 γ-FeOOH가 용해되면서 수십 년 간에 걸쳐 녹층과 강의 계면에 비결정질의 옥시수산화철을 주체로 하는 준 안정녹층을 형성하게 된다(2층 구조의 녹층으로 바깥층은 γ -FeOOH를 주체로 하는 틈이 많은 녹층). 이 기간에 강으로부터 용출하는 Cr, Cu, P의 유효첨가 원소가 균일하고 치밀한 준안정녹층의 형성을 조장한다. 여기에 장기간에 걸쳐 비결정질의 옥시산화철녹이 α-FeOOH로 면화해 α-FeOOH 및 α-(Fe_{1-x} · Cr_x)OOH로 구성된 치밀하고 안정된 녹층이 형성되는 것이다. 단, 해염입자가 많은 환경에서 안정된 녹층 형성은 어렵다.

2) 스테인리스강

스테인리스강은 대기환경에서 우수한 내식성을 나타내는데, 이는 표면에 Cr산화물을 주성분으로 하는 단단한 부동태피막을 형성하여 금속소지를 외부로부터 차단할 뿐만 아니라 염화물이온 등에 의해 부동태피막이 파손되더라도 Cr이나 Mo 등의 작용으로 신속하게 자기 보수되기 때문이다. 그러나 염화물이온 등 부식성 인자가 많은 대기환경에서는 발청이나 공식 등의 부식 손상이 발생한다. 해염입자가 많은 해양환경에서 각종 스테인리스강의 내식성은 그림 3-9, 해안으로부터의 거리와 공식깊이 관계는 그림 3-10, 스테인리스강의 합금 원소량과 내식성 관계는 그림 3-11과 같다.

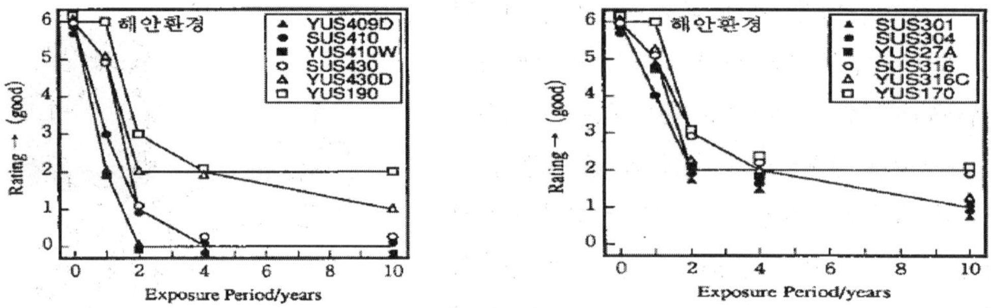

그림 3-9. 해양환경에서 각종 스테인리스강의 내식성

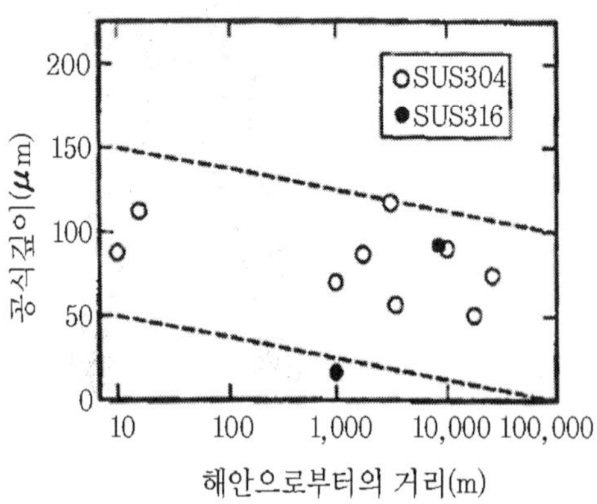

그림 3-10. 해안으로부터 거리와 스테인리스강의 공식깊이

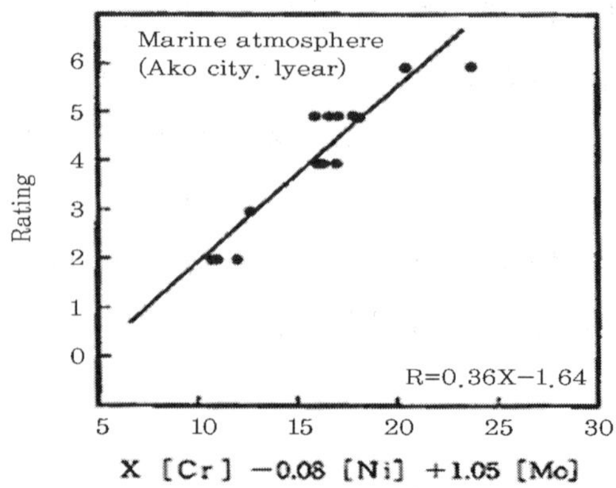

그림 3-11. 해양환경에 있어서 스테인리스강의 발청도와 합금지표

해안지역과 같이 해염입자가 많은 대기환경에서는 스테인리스강이라 해도 비교적 심하게 부식이 일어나고 있으며, 강종에 따라 부식성이 달라진다. 해안지역에서는 합금지표 [Cr]+[Mo] (질량 %) 28 이상인 강종의 사용이 바람직하다.

SO_2가 많은 대기환경에는 Cu 및 Ni이 내식성 향상에 유효하여 Ni을 포함한 오스테나이트계 스테인리스강이나 Cu 및 Ni을 포함한 스테인리스강 사용이 바람직하다. 최근 SUS 430이나 SUS 306과 같은 범용 스테인리스강의 내식성 및 의장성 향상을 목적으로 도장, 도금(용융알루미늄, 용융아연), 발색처리 등으로 표면처리한 스테인리스강도 실용화되고 있다.

3) 아연도금강판

아연을 전기도금 또는 용융도금한 강판으로 대기환경 중에서 우수한 내식성을 나타낸다. 이는 도금층의 아연이 대기오염이 적은 환경에서는 표면에 보호성이 뛰어나고 치밀한 β-$Zn(OH)_2$와 염기성 탄산아연 $Zn_5(OH)_6 \cdot (CO_3)_2$ 피막을 형성하여 아연 자체의 부식이 억제됨은 물론 표면에 전해질이 존재하는 경우 아연이 용해되어 소지철을 방식하는 희생양극작용을 하기 때문이다. 그림 3-12 및 표 3-3에 나타낸 것처럼 아연도금강판의 내식성은 대기환경 오염물질의 종류 및 오염 정도에 따라 다른데, 아연도금의 부착량(단위면적당 도금의 질량)이 많을수록 우수하다. 그림 3-12는 아연부착량이 200g/m^{2}인 용융아연도금강판의 수명(최초의 철녹이 발생하기까지의 기간)이 SO_2가 많은 공업지대에서는 2~7년이지만, 해염입자가 많은 해안지대에서는 10~12년, 청정한 대기의 전원지대에서는 15년 정도임을 나타내고 있다.

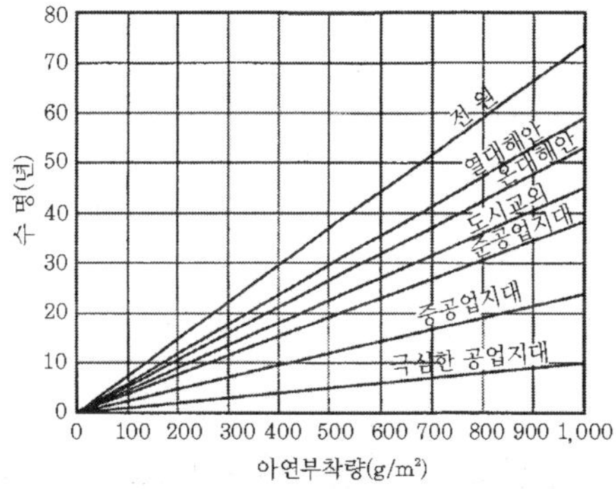

그림 3-12. 용융아연도금강관의 수명

표 3-3. 대기 중에 있어서 아연의 부식속도

전원지대	1.0~2.1
도시	2.8~6.8
공업지대	5.6~11.0
해안지대	2.4~7.0

아연도금강판의 내식성이 대기오염물질의 종류와 오염 정도에 대한 의존성이 높은 것은 다음과 같은 이유에서이다. 대기 중에서의 아연 부식생성물의 생성과정은 그림 3-13에 나타낸 것과 같이 아연이 산성비의 원인물질인 SO_2가 많은 대기환경에서는 아연 표면에 형성된 $Zn(OH)_2$가 SO_2와 반응하여 수용성의 $ZnSO_2 \cdot 6H_2O$를 형성, 이것이 강우 등으로 유실되기 때문에 심하게 부식된다. 또한 NO_2가 존재할 경우 불용성의 $Zn(NO_3) \cdot 2H_2O$ 보호피막을 생성하는데, 그 부식속도는 SO_2 환경의 수십분의 1 정도이다. 해염입자가 많은 대기환경에서는 보호성이 있는 불용성의 $4Zn(OH)_2 \cdot ZnCl_2$가 생성되지만, 동시에 ZnO가 대량으로 생성되어 이것이 결정질의 $Zn(OH)_2$ 중에 분산되어 분말화되기 때문에 부식생성물 피막의 보호성이 저하되어 부식속도는 비교적 큰 편이다.

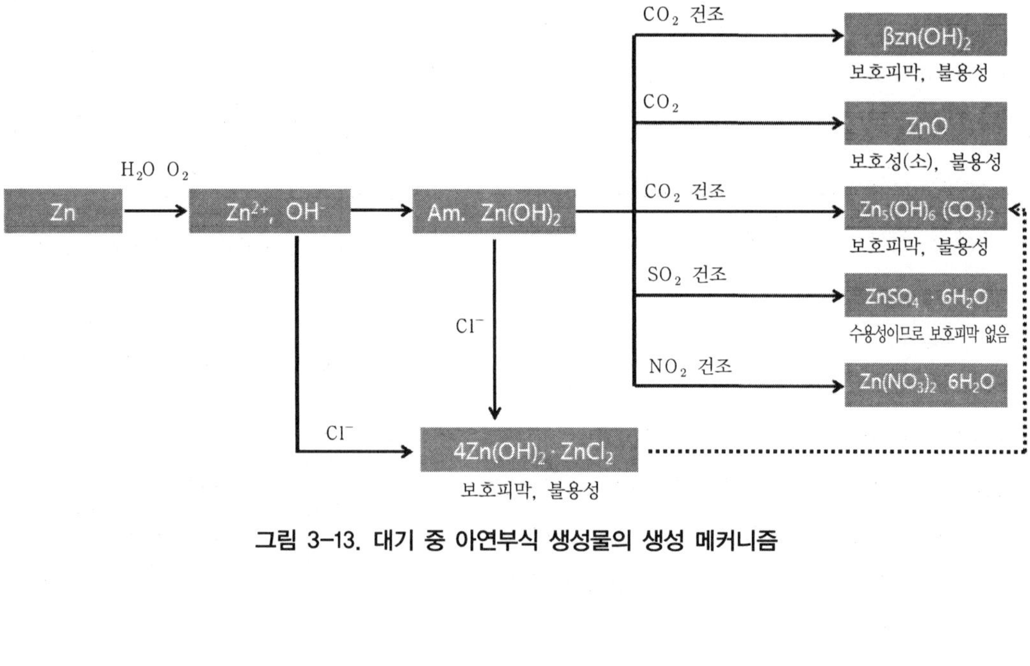

그림 3-13. 대기 중 아연부식 생성물의 생성 메커니즘

4) 알루미늄 합금

알루미늄 합금은 대기 중에서 쉽게 산화하여 치밀한 산화피막을 형성하므로 대기환경에서 양호한 내식성을 나타낸다.

이 산화피막의 성질은 스테인리스강의 부동태피막과 유사하지만, 피막이 손상되었을 때 즉시 재생되는 자기복구 기간은 스테인리스강보다 약간 더 길다.

알루미늄합금의 대기 부식은 공식과 전면 부식 및 양자가 공존하는 3가지 부식형태를 띤다. 전면 부식은 제한된 환경조건하에서 발생하며, 대부분의 경우 공식이 발생한다. 또한 합금의 종류에 따라 층상 부식이 발생하기도 하는데, 이 층상 부식(layer type)은 Al-Cu, Al-Zn-Mg 및 Al-Zn-Cu계 합금에서 나타난다.

전면 부식은 공장지대에서 많이 발생하는데, 이는 공장으로부터 배출된 가스 중 불소와 같은 성분에 기인하는 것으로 알려져 있지만 명확한 근거는 없다. 전면 부식의 경우 공식 발생은 적다. 알루미늄 합금의 내후성은 합금의 종류에 따라 약간의 차이가 있지만(Al-Cu계 합금의 내후성은 비교적 나쁘다) 폭로된 대기 조건에 많은 영향을 받는다. SO_2 및 먼지가 많은 공업지대, 해염입자가 많은 해안지대, 또 두 지대의 대기조건을 모두 갖춘 임계공업지대는 알루미늄 합금에 있어서 가혹한 환경으로 심한 부식이 발생한다.

알루미늄 합금은 일반적 공업재료인 철강이나 동, 스테인리스강 등에 비해 전위가 매우 낮은 금속이므로 이종금속과의 접촉시 부식을 일으키는 경우가 있다. 특히 철강이나 동과 직접 접촉되어 있는 주면 부분은 알루미늄 합금이 애노드, 철강이나 동이 캐소드가 되어 알루미늄 합금이 용해·부식되면서 단시간에 관통되는 부식이 일어날 수 있으므로 특히 주의한다.

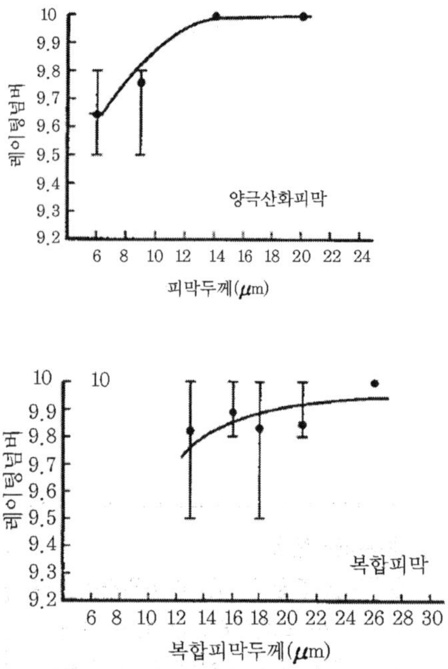

그림 3-14. 양극산화피막 및 양극산화복합 피막의 내후성(10년 폭로)

대기환경에서의 알루미늄 합금은 대기 부식에 의한 기계적 특성 저하가 작아 그다지 문제되지 않지만, 표면이 회색으로 변하며, 공장지대 및 도시 등 매연이 심한 환경에서는 단시간에 흑색을 띠면서 먼지 등 오염물이나 부식생성물 부착으로 인해 외관상 문제가 발생한다. 따라서 재료를 그대로 사용하는 경우는 드물며, 양극산화처리 또는 도장 등으로 표면처리를 실시한 재료가 실용화되고 있다. 특히 알루미늄 새시 등의 건축자재에는 9μm 이상의 양극산화피막 또는 여기에 7μm 이상의 클리어 도장 내지는 백색도장을 실시한 양극산화 복합피막처리가 실시되므로 그림 3-14와 같이 내후성은 매우 우수하다.

5) 동

동은 대기 중에서 내식성이 뛰어난 금속으로 대기 폭로시험 결과 1년 간의 부식도는 해안지대가 공업지대보다 크다. 동은 Cu_2O의 산화물피막을 형성하는데, 이 산화피막의 성장과 함께 부식속도는 저하된다. 그리고 해안지대에서는 염기성 염화동을 주체로 한 녹색의 부식생성물이 형성되지만, 이 부식생성물은 보호성이 부족하기 때문에 심하게 부식된다. SO_2가 비교적 많은 공업지대나 도시지역에서는 보호성의 염기성 황산동($CuSO_4 \cdot 3Cu(OH)_2$)을 주성분으로 하는 부식생성물의 형성으로 이러한 환경에서 내후성은 비교적 우수한 편이다.

그러나 H_2S가 존재하는 대기환경에서는 $Cu_2S+CuS+Cu_2O$의 혼합물로 구성된 부식생성물을 형성하여 심하게 변한다.

3.2 담수환경에서의 부식

3.2.1 담수

지구상의 천연수는 증발, 응축, 유통에 의해 순환을 반복한다. 그 결과 하천수, 지하수, 온천수, 해수, 얼음 등의 형태로 존재하는데, 이들은 염류가 녹아 있는 양에 따라 담수와 염수로 구분된다. 육상의 담수원은 비다. 비가 지표에 도달하면 일부는 하천수로, 또 일부는 지하로 침투해 지하수가 된다. 하천수에는 여러 가지 물질이 녹아 있거나 혼합되어 있다. 즉 대기로부터 강화된 물질이나 인간생활, 공업, 농업 등에서 배출된 물질들은 물론이고 하천수가 접하는 흙이나 암석으로부터 용출한 물질이 첨가된다. 그리고 온천수나 지하수(원래 빗물임)도 혼입된다. 빗물은 증류수에 가까우며 대기 중의 가스성분, 즉 질소, 산소, 탄산가스 등이 포화되어 있다. 또한 해수비말로부터의 Na^+ 및 Cl^-, 연소가스로부터의 SO_4^{2-} 등도 어느 정도 포함되어 있는데, 이들 중 탄산가스는 암석이나 토양에 작용하여 알칼리 금속, 알칼리 토류금속, 규산 등의 이온을 용입한다. 예를 들면 탄산칼슘은 물과 탄산가스의 작용을 받으면 용해되고, Ca^{2+}는 칼슘 경도, HCO_3^-는 알칼리도가 된다.

Check point!
담수의 성질을 결정하는 요소에는 pH, 저항률, 경도, M-알칼리도, 전산도, 전용해 고형물농도, Cl^-농도, SO_4^{2-}농도 및 용존산소농도 등이 있다.

$$CaCO_3(\text{고체}) + H_2O + CO_3 \rightarrow Ca^{2+} + 2HCO_3^-$$

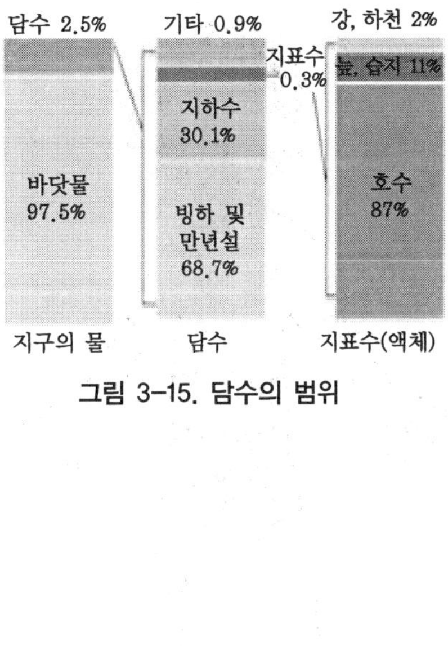

그림 3-15. 담수의 범위

지하에서는 생물의 호흡이나 유기물 분해로 인해 발생되는 탄산가스 분압이 대기 중에서 보다 훨씬 높은 경우가 있는데, 이 경우에는 지하에 침투한 수중에 탄산가스가 고농도로 용해된다. 그 결과 상당량의 $CaCO_3$를 용해하기 때문에 경도와 알칼리도가 높아진다. 담수의 성질을 결정하는 요소에는 pH, 저항률, 경도, M-알칼리도, 전산도, 전용해고형물농도, Cl^-농도, SO_4^{2-}농도 및 용존산소농도 등이 있다. 대기 중에 존재하는 순수 pH는 대기 중에 존재하는 탄산가스 분압에 의해 결정된다. 탄산가스(CO_2)는 물에 녹아 탄산(H_2CO_3)이 되며, 다시 그 일부가 해리되어 H^+, HCO_3^-, CO_3^{2-} 등의 이온을 생성한다.

$$H_2CO_3 \rightarrow H^+ + HCO_3^-$$
$$HCO_3 \rightarrow H + CO_3^{2-}$$

대기와 평형상태에 있는 순수에는 대기 중에 포함된 탄산가스(0.03%) 분압(0.0003기압)에 상응한 만큼의 탄산가스가 수화되어 가스 및 탄산(H_2CO_3)으로써 용존한다(유리탄산). 탄산가스의 해리반응으로 평형이 이루어져 일정량의 H^+, HCO_3^-, CO_3^{2-} 생성되는데, 이때 주의할 점은 탄산가스 분압이 일정하면 일정온도에 있어서 유리탄산농도는 항상 일정하다. 즉 H^+, HCO_3^-, CO_3^{2-}가 어느 정도 생성되었는가에 상관없이 일정하다는 것이다.

25℃의 순수에 공기가 포화될 때 CO_2의 용해로 생성되는 H^+의 농도는 10^{-565}-5mol/l이며, 이때의 pH는 5.65이다. 탄산가스 분압이 더 높은 경우에는 대기 중에서보다 더 많은 탄산가스가 용해되므로 pH는 더욱 낮아진다. 예를 들면 1기압의 탄산가스 환경에서 순수의 pH는 약 3.9가 된다. 보통의 담수는 여러 종류의 용해물질을 포함하고 있어 순수라고 보기는 어렵다.

따라서 산이나 알칼리가 포함되므로 pH는 5.65를 유지하지 못하게 된다. 산이나 알칼리라 해서 반드시 황산이나 가성소다만을 가르키는 것은 아니며, 오히려 이러한 물질이 포함되어 있는 경우는 드물다. 담수의 pH가 5.65보다 높은 가장 큰 이유는 담수 중에 녹아 있는 탄산가스에 의해 토양이나 암석

중에 포함된 $CaCO_3$ 등 알칼리 성분이 용해되기 때문이다. 이렇게 하여 수중의 탄산가스가 소비되어도 대기와 평형상태에 있는 한 다시 대기로부터 공급되므로 pH가 어떤 값이 되어도 유리탄산의 농도는 평형상태에 있는 환경 중의 탄산가스 분압에 의해서만 결정된다. 대기 중의 담수에서 $CaCO_3$가 포화량까지 용해되면 pH는 약 8.46이 된다. 그러나 보통의 담수에는 $CaCO_3$가 포화되지 않기 때문에 pH는 5.65보다 높고, 8.46보다는 낮은 값이 된다. 그러므로 이 범위를 벗어나는 물에는 유리탄산과 $CaCO_3$ 이외의 산이나 알칼리가 첨가되어 있다고 보아야 한다.

알칼리도란 물에 녹아 있는 알칼리를 소정의 pH까지 중화하는 데 필요한 산의 양으로 측정하며, JIS K 0101[공업용수 시험방법]에서는 [산소비량]이라 한다. pH 4.8까지 중화하는 데 필요한 산의 양을 M-알칼리도, pH 8.3까지 중화하는 데 필요한 산의 양을 P-알칼리도라 한다. 앞에서 설명한 바와 같이 보통의 담수에서 pH는 8.46을 넘지 않으므로 P-알칼리도는 존재하지 않아 M-알칼리도만이 문제된다. 보통의 담수에서 M-알칼리도는 HCO_3^-의 양에 의해 결정된다. HCO_3^-가 알칼리인 이유는 산(H^+)을 첨가했을 때,

$$HCO_3 + H^+ \rightarrow H_2CO_3$$

와 같이 H^+가 HCO_3와 반응해 소비되기 때문이다. 탄산가스의 해리반응식에서 알 수 있듯이 수중에는 HCO_3와 함께 CO_3^{2-}가 존재해

$$CO_3^{2-} + H^+ \rightarrow HCO_3$$

와 같이 알칼리로서 작용하지만, 통상의 pH 범위에서는 CO_3^{2-}의 양이 아주 적기 때문에 알칼리도에는 거의 영향을 미치지 않는다. M-알칼리도는 메틸레

드, 브롬, 크레졸그린 혼합액을 지시약으로 1/50N 황산을 첨가하여 구한다. 이때 필요한 황산 양은 mg당량/ℓ 또는 1mg당량/ℓ를 50ppm $CaCO_3$양으로 환산해 mg $CaCO_3$/ℓ(ppm에 상당)로 나타낸다. 앞서 설명했듯이 담수의 M-알칼리도는 담수 중의 HCO_3^- 농도에 대응하는 경우가 많지만, 알칼리도가 HCO_3^-에 의해서만 결정된다고는 할 수 없으므로 M-알칼리도가 곧 HCO_3^- 농도라고 하는 것은 바람직하지 못하다. 물의 경도는 수중의 Ca^{2+} 및 Mg^{2+}의 양을 이에 대응하는 $CaCO_3$양으로 환산하여 물 1ℓ에 대해 mg으로 나타내는 경우가 많다. Ca^{2+}에 대응하는 것을 칼슘경도, $-Mg^{2+}$에 대응하는 것을 마그네슘경도라 한다. 그리고 이들의 합계가 전경도가 되며, 전경도는 알칼리도와는 반대로 물에 알칼리를 첨가해 pH를 8.3으로 만드는 데 소비되는 알칼리의 양에 대응한다. 보통의 담수에 포함되는 물질로 알칼리(OH^-)를 소비하는 것에는 H^+, H_2CO_3, HCO_3^-, H_2SiO_3, Al^{3+}, FeO_3^{2+22+} 등이 있으며, 이들 중 지배적인 것은 H_2CO_3이다.

$$H_2CO_3 + OH^- \cdot HCO_3 + H_2O$$

이렇게 해서 발생된 HCO_3와 원래 존재한 HCO_3^-는 알칼리(OH^-)와 반응해 CO_3^{2-}가 되기 때문에 산이 되지만 그 반응은 높은 pH에서 시작하여 pH 8.3까지는 알칼리 소비량을 거의 무시해도 좋을 정도로 작아 전산도에의 기여도는 낮은 편이다. 대기와 평형상태에 있는 상온의 담수 중에서 유리탄산 농도는 약 10^{-5}mol/ℓ이며, 이것은 10^{-3}g $CaCO_3$/ℓ 또는 1mg $CaCO_3$/ℓ(대개 1ppm)의 전산도(일반적으로 $CaCO_3$로 환산해서 표시)에 상당한다. 지하수에서는 CO_2 분압이 높기 때문에 전산도가 이보다 커질 수 있다. 앞에서 설명했듯이 보통의 담수 중에는

전경도란?

알칼리도와는 반대로 물에 알칼리를 첨가해 pH를 8.3으로 만드는 데 소비되는 알칼리의 양에 대응합니다.

전산도가 대체로 유리탄산농도에 상당하는 경우가 많다.

그러나 다른 종류의 산이 공존하지 않는다는 보증이 없기 때문에 전산도와 유리탄산농도가 항상 동일한 것은 아니다. 물에 용해되어 있는 염류의 총량을 전용해고형물이라 하며, 보통 물을 끓여 증발시켰을 때 남는 고형물을 건조시켜 잔류물의 중량으로 구한다. 이때 현탁물은 미리 분리한다. 담수 중에 녹아 있는 산소(용존산소)는 대기 중의 산소가 용해된 것이다.

담수 중의 지표수는 일반적으로 대기 중의 가스성분을 그 분압에 의해 포화시키고 있는데, 이때의 용존산소농도는 상온에서 8~10ppm이다. 나중에 설명하겠지만 수중의 용존산소는 금속의 부식과 밀접한 관계가 있지만, 상온의 지표수인 경우 그 농도는 물에 의해 그다지 변하지 않기 때문에 (8~10ppm) 부식을 고려할 때 수질상의 차이는 그리 크지 않은 경우가 많다.

담수 중에 존재하는 HCO_3^- 외의 음이온으로는 Cl^-와 SO_4^{2-}가 대표적이다. Cl^-이온은 주로 대기 중에 비산된 해수에서 유래하는데, 상수에서는 살균 등의 목적으로 첨가되는 염소의 반응생성물로서 Cl^- 이온이 첨가되고 있다. SO_4^{2-}이온의 일부는 해수비말에 의해 또 일부는 대기 중으로 방출된 연소가스 중의 SOx에 기인하는 데 상수도에서는 응집제로서 황산알루미늄을 첨가하기 때문에 그 농도가 증가한다. 표 3-4는 우리나라의 하천수질 환경기준표이다.

표 3-4. 우리나라 하천 수질환경기준표

구분	등급	이용목적별 적용 대상	기준				
			수소이온농도 (pH)	생물화학적 산소요구량 (BOD) (mg/ℓ)	부유물질량 (SS) (mg/ℓ)	용존산소량 (DO) (mg/ℓ)	대장균수 (MPN/100mℓ)
생활환경	1	상수원수 1급 자연환경보존	6.5~8.5	1 이하	25 이하	7.5 이상	50 이하
	2	상수원수 2급 수산용수 1급 수영용수	6.5~8.5	3 이하	25 이하	5 이상	1,000 이하
	3	상수원수 3급 수산용수 2급 공업용수 1급	6.5~8.5	6 이하	25 이하	5 이상	5,000 이하
	4	공업용수 2급 농업용수	6.0~8.5	8 이하	100 이하	2 이상	–

Check point!

수중에 녹아 있는 용존산소에 의해 강은 상당한 속도로 부식되는데, 부식의 정도는 강 표면에 공급되는 산소의 양(용존산소농도, 유속 및 표면 부착물에 따라 다름)에 따라 달라진다.

3.2.2 담수에 의한 강의 부식

1) 개요

물에 의한 금속의 부식기구는 금속의 종류에 따라 상당히 다르다. 다만, 원칙적으로는 환경조건에 따라 이 원칙에서 벗어나는 경우도 있다.

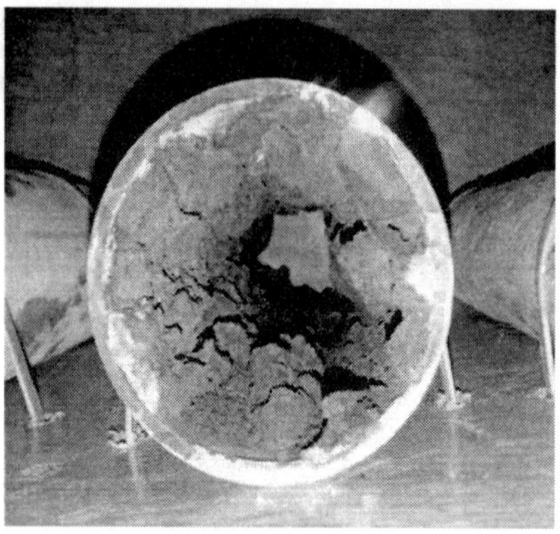

그림 3-16. 아연강관의 부식

(1) 강

수중에 녹아 있는 산소에 의해 강은 상당한 속도로 부식되는데, 부식의 정도는 강 표면에 공급되는 산소의 양(용존산소농도, 유속 및 표면 부착물에 따라 다름)에 따라 달라지며, 표면을 덮은 녹의 방식능력은 비교적 작은 편이다.

(2) 동, 아연

표면에 얇은 부식생성물 피막을 형성하여 이것이 산소의 공급을 차단함으로써 부식을 억제하기 때문에 부식량은 비교적 적다. 이러한 방식피막 형성방법과 방식능력은 수질에 의존하므로 아연에서는 주로 전면적인 부식이, 동에서는 주로 공식이 문제된다. 또한 동에서 흐르는 물의 기계적인 작용에 의해 피막이 파괴되고 그 부분에 국부부식이 발생하기도 한다.

(3) 스테인리스강, 알루미늄

이들 금속은 수중에서 부동태화하므로 일반적으로 부식은 매우 경미하다. 그러나 수중에 일정량 이상의 Cl^-이온이 존재하면 부동태피막이 국부적으로 파괴되어 공식이 발생하며, 고온환경에서는 응력부식 균열이 일어날 수도 있다.

(4) 금, 은, 백금

귀금속은 수중 부식의 기본 물질인 산소와 반응하지 않기 때문에 부식되지 않는다.

수환경에서 사용되는 금속으로는 강이 압도적으로 많기 때문에 먼저 강의 부식에 대해 설명한다. 우선, 강의 부식량은 그 표면에 어느 정도의 용존산소가 공급되었는가에 의해 결정된다.

즉 공급된 산소량에 의해 강이 부식되는 것이다. 용존산소는 원칙적으로 강 표면에 균일하게 공급되는 데, 이때 강의 용해가 균일하게 일어나면 전면부식이 된다. 그러나 환경, 재질 등 여러 가지 조건으로 인해 강 표면은 불균일한 상태이다. 따라서 강의 용해는 전면에서 균일하게 진행된다고 단정지을 수 없어 국부부식이라고 하는 편이 타당하다. 국부부식이 발생한 부분은 전면부식이 단독으로 발생한 경우보다 침식 정도가 심하다.

이는 강의 전체 표면에서 발생하는 부식량이 전체에 공급된 산소의 양과 균형을 이루기 때문이다. 강의 부식 전량이 동일할 때 이것이 전면에서 균일하게 발생해 전면부식되었을 경우에 비해 국부적으로 발생하여 그 부분에 한하여 침식의 깊이가 깊은 것은 이러한 이유에서이다. 일반적으로 부식으로 인한 실용적인 손상은 국부부식의 경우가 크다. 따라서 국부부식에 특히 주목해야 한다. 그러나 수중의 부식을 이해하기 위해서는 먼저 전면 부식을 전제하여 시작해 국부부식으로 연구해 나가야 한다.

2) pH의 영향

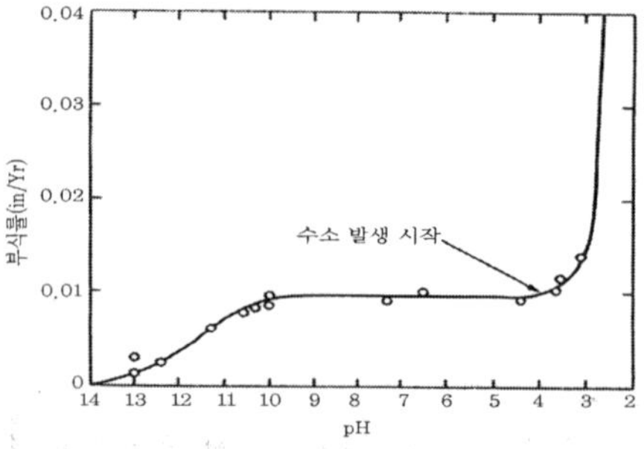

그림 3-17. pH에 따른 철강의 부식속도

강의 부식에 대한 pH 영향을 그림 3-17에 나타냈다. pH가 4~5 이하이면 부식반응에 수소이온이 관여하여 부식속도가 증가하지만, pH 5~9의 범위에서는 용존산소 작용으로 부식속도는 거의 일정해진다. 그리고 pH가 9~10 이상이 되면 부동태화되어 부식이 감소한다. 그러나 노후된 가성 알칼리 중에서는 부식속도가 다시 증가한다. 보통의 담수에서는 pH가 5.9 범위이므로 강의 부식에 대한 pH의 영향은 크게 문제되지 않는다.

3) 용존산소의 영향

> **Check point!**
> 담수 중에서 강의 부식에 관여하는 기본적인 물질은 물과 용존산소이며 수중에 용존하는 산소의 농도에는 한계가 있습니다.

담수 중에서 강의 부식에 관여하는 기본적인 물질은 물과 용존산소이다. 수중에 용존하는 산소의 농도에는 한계가 있다. 이 산소는 수중에서 확산되고, 강 표면에 도달해 부식반응에 소비된다. 이때 산소의 단위시간, 단위표면적당 공급량은 그다지 많지 않기 때문에 반응은 느리며, 즉 강이 용해되는 반응은 전기화학적으로 동량 진행된다.

결국 산소가 강 표면에 도달한 만큼 용존산소의 확신이 부식속도를 율속하여 부식이 진행된다. 만약 강 표면에 아무것도 존재하지 않는다면 수중에서의 산소 확산이 부식속도를 결정한다. 이 경우 현재 수중의 용존산소농도를 C(mol/ℓ)라 하면, 강 표면에서는 모든 산소가 사용되므로 용존산소농도는 제로 상태이다. 그러나 강표면으로부터 거리 δ(cm)까지 용존산소농도는 C보다 낮다. 이 상태에서 확산에 의해 강 표면에 공급되는 용존산소를 J(mol/cm^2 · S)라 하면,

$$J = \frac{DC}{\delta} \times 10^{-3}$$

여기서, D(cm^2/s)는 수중에서의 용존산소 확산정수이다. J를 전류밀도 j (A/cm^2)라 하면,

$$i = \frac{DnF}{\delta} C \times 10^{-3}$$

이 되며, 여기서 n은 산소의 전극반응에 관여하는 전자의 수($O_2 + 2H_2O + 4e \rightarrow 4OH^-$이므로 $n = 4$), F는 파라데이 정수(96,500 coulomb/mol)이다.

예를 들어, 대기와 평형상태인 25℃ 물에서 용존산소농도를 8ppm이라 하면, C는 8/32×10.3mol/ℓ가 된다 D는 2×10^{-5}cm^2/s, δ는 유속이 증가하면 작아지는데, 정지상태에서는 0.05cm 정도이다. 이를 위식에 대입하면,

$$i = \frac{2 \times 10^{-5} \times 4 \times 96{,}500}{0.05} \times \frac{8}{32} \times 10^{-3} \times 10^{-3}$$
$$= 38.6 \times 10^{-6} \mathrm{A/cm^2}$$

따라서 약 40μA/cm^{2}의 캐소드반응을 일으킬 정도의 산소가 수중을 통해 확산 · 유입되는 것이다.

파라데이 법칙에 의하면,

금속의 반응량(g) = k × 전류 (A) = 시간 (s)

가 되며, 여기서 k는 각 금속의 용해반응 전기화학당량(g · A^{-1}, s^{-1})이다. 예를 들어, 철이 Fe^{2+}가 되어 용해될 때 k는 2.894×10^{-4}g/A · s이므로 38.6μA/cm^{2}의 전류로 1년간 1cm^2 표면에서 용해되는 철의 중량(W)은 다음과 같다.

그림 3-18. 미생물에 의한 강의 부식

$$W = 2.894 \times 10^{-4} \times 38.6 \times 10^{-6} \times 60 \times 60 \times 24 \times 365$$
$$= 0.352\text{g}$$

철의 밀도는 7.87이므로 0.352g/cm^2/y의 부식은 0.447mm/y의 부식속도에 상당한다. 단, 이 값은 정지된 수중에서 강 표면에 어떤 장애물의 방해도 받지 않는 상태에서 용존산소가 공급되었을 때의 값으로 실제로는 어떤 형태로든 강 표면에 부착물이 존재해 용존산소의 확산이 방해받는다는 것을 고려해야 한다(확산장벽이 됨). 예를 들어 계산한 것을 보면 수중에서 강의 부식속도에 영향을 미치는 인자가 있음을 알 수 있다. 먼저 부식속도는 수중의 용존산소농도(C)에 비례하여 증가한다.

즉 용존산소농도가 0인 경우 부식은 발생하지 않지만, 농도의 상승과 함께 부식속도도 증가한다. 그런데 용존산소농도가 이보다 증가할 경우 부식의 증가율은 점차 둔화되어 일정농도를 초과하면 부식은 오히려 감소하기 시작하여 급기야 매우 작아진다.

강표면에 공급되는 용존산소의 양이 부식으로 인한 소비 가능 한계를 넘었을 때 강은 부동태화한다. 이러한 부동태화의 특성은 수질에 따라 다르다. 예를 들어 Cl^-이온의 농도가 증가하면 부동태화가 방해를 받게 된다. 또한 부식속도에 영향을 미치는 또 하나의 인자로서 δ를 생각할 수 있다. 이 값은 앞에서도 설명했듯이 정지된 수중에서는 약 0.05cm 정도지만 물이 유통될 경우는 그 속도에 대응해 작아진다. δ가 작아지면 i, 즉 부식속도는 커진다. i가 커지는 이유는 용존산소의 공급이 증가하는 것에 기본적인 원인이 있다. 따라서 유속이 어느 정도 이상이 되면 수중의 용존산소농도를 높였을 때와 마찬가지로 부동태화가 발생한다.

그림 3-19을 참고하면, 산소비율과 부식속도는

비례 관계에 있으며, 강의 부식속도는 유속의 영향을 받는다는 것을 확인 가능하다. 부식속도는 1ft/s(0.3 m/s)까지는 유속과 함께 부식속도가 증가하다가 그 이상이 되면 부동태화로 인해 저하된다. 그림 3-20을 보면, 3ft/s(0.9m/s) 이상에서 다시 부식속도가 증가하고 있는데, 이것은 유속이 증가하면 난류가 발생하여 에로존-코로존 상태가 되기 때문이다.

그러나 부식속도가 저하하기 시작하는 유속을 항상 1ft/s(0.3m/s)로 생각해서는 안 된다. 이러한 한계적인 유속은 수질이나 재료의 표면 상황에 의존한다. 유감스럽게도 여기에 관해서도 일반적으로 인정되는 정량적인 값은 존재하지 않는다. 이상은 모두 실온 부근에서의 부식거동이다.

만약 온도를 높이면 $[i = \frac{DnF}{\delta} C \times 10^{-3}]$의 D(확산정수)는 커진다. 따라서 부식속도는 증가하는 경향이 있지만 대기에 개방된 물은 온도상승과 함께 산소의 용해도가 저하되어 C가 작아진다. 이렇게 상반되는 2가지 요소의 영향으로 부식속도는 약 80℃까지는 증가하지만, 그 이상이 되면 산소농도의 영향으로 오히려 저하된다. 그림 3-21에 나타낸 바와 같이 밀봉계의 경우 C는 변함없이 D의 영향만이 나타나 부식속도는 온도와 함께 증가한다.

여기서 말하는 밀봉계란 원래 기상이 없는 상태로, 온도를 높여도 기상이 발생하지 않는 계를 의미한다. 만약 상부에 기상이 존재하는 오토클레이브와 같이 단순히 밀폐시킨 경우는 온도의 변화에 따라 기상과 액상 간에 용존가스 출입이 있으므로 엄밀한 의미에서 밀봉계라 할 수 없다. 진짜 밀봉계가 아니라도 온도상승과 함께 부식속도가 증가하는 조건이 있는데, 이는 진짜 밀봉계와 구분하여 생각해야 한다.

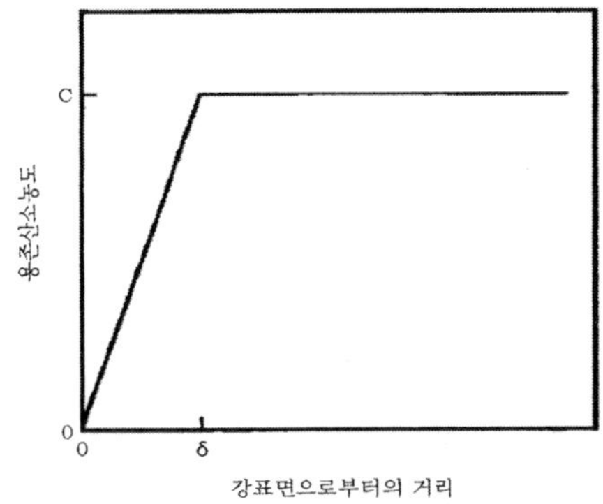

그림 3-19. 강표면거리의 용존산소농도

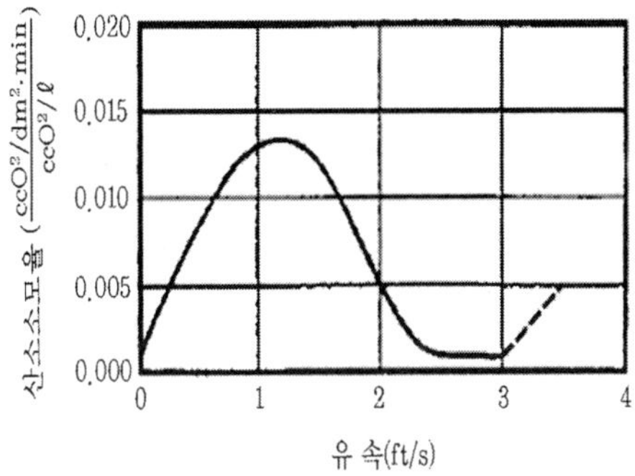

그림 3-20. 강의 부식속도에 대한 유속의 영향

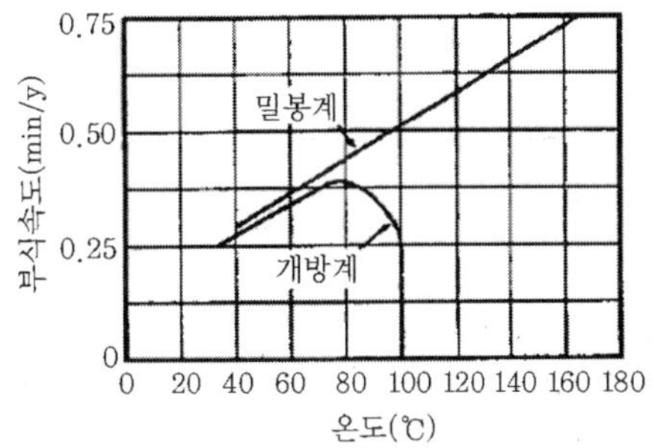

그림 3-21. 강의 부식속도에 대한 온도의 영향

Check point!

담수의 성질을 결정하는 것은 저항률, pH, 경도, M-알칼리도, Cl^-농도, 전산도, 전용해고형물농도, SO_4^{2-}농도, 용존산소 농도 등이 있다.

4) 수질의 영향

담수의 성질을 결정하는 것은 pH, 저항률, 경도, M-알칼리도, 전산도, 전용해고형물농도, Cl^-농도, SO_4^{2-}농도, 용존산소농도 등이 있다. 앞에서 이미 설명했듯이, 용존산소는 강의 부식에서 기본적인 요소로 pH, Ca경도, M-알칼리도, 전용해고형물농도에 따라서는 강 표면에 $CaCO_3$피막이 형성되어 부식은 경미해지지만 그렇지 않을 경우 용존산소의 공급으로 부식이 일어나는데, pH 5~9의 범위에서는 pH의 영향이 작음을 알 수 있다. $CaCO_3$피막이 형성되지 않은 경우 강의 부식에 영향을 미치는 기타 물질에는 Cl^-와 SO_4^{2-}의 농도 및 저항률(또는 그 역수인 전도율) 등이 있다. 이는 통상적인 범위에서 조금씩 변화해도 산소의 농도 및 확산속도에는 영향을 미치지 않기 때문에 부식속도에는 변함이 없다. 또한 산소의 확산 장벽으로서 녹의 성질도 거의 변하지 않는다고 볼 수 있다. 사실 정지해 있는 물이나 저유속의 물에 있어서 이들의 영향은 발견되지 않는다. 그러나 물이 어느 정도 이상의 유속으로 유통되고 있을 경우는 그 양상이 달라진다. 유속이 빨라지면 용존산소의 영향으로 강이 부동태화되지만, 부동태화가 일어나는 유속이나 부동태화 후의 부식속도는 수질에 따라 상당히 달라지는데, 특히 Cl^-의 영향이 현저하다. 이러한 현상을 그림 3-22에 나타냈다. 그림에서 곡선 ①을 Cl^-의 농도가 낮은 물(예를 들면 증류수)이라 하면, Cl^-를 어느 정도(예를 들면 30ppm Cl^-) 포함하는 물에서는 곡선 ②와 같이 곡선 ①에 비해 부식속도가 저하되는 유속이 크며, 저하 후의 부식속도도 커진다. Cl^- 농도가 해수와 같이 상당히 높아지면 곡선 ③과 같이 아무리 유속을 증가시켜도 부식속도는 저하되지 않는다. 그림에서 유속 V_1 이하에서는 Cl^- 농도에 관계 없이 부식속도에

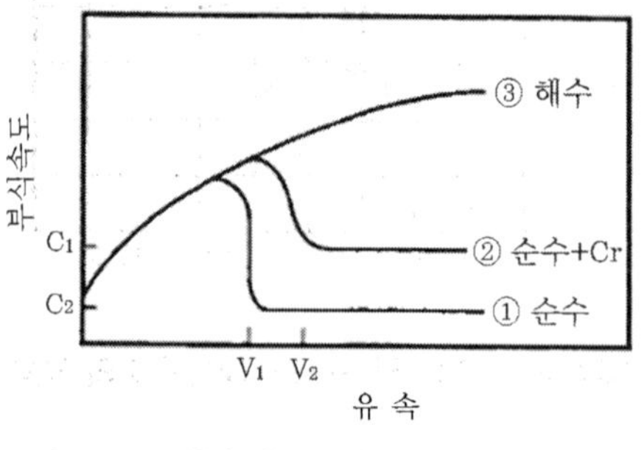

그림 3-22. 유속과 부식속도에 대한 수질의 영향

실질적인 차이는 없다. 그러나 V_1과 V_2 사이에서는 순수와 Cl^-를 포함하는 물에서의 부식속도가 상당히 다른데, V_2 이상이 되어도 역시 차이는 존재한다. 특정 데이터에 의하면 보통 담수의 경우 V_2는 0.5~1m/s 범위이다.

물의 저항률은 용존이온의 농도를 반영한 것이므로 Cl^- 농도는 저항률에 막대한 영향을 미친다. 역으로 저항률의 영향은 개개의 이온의 영향으로 생각해 볼 필요가 있다. 그러나 용존이온의 종류와 각각의 농도와는 직접적인 관계가 없으며, 전기의 흐름을 나타내는 지표로서의 저항률은 다음에서 설명할 국부부식의 침식속도에 크게 관여한다.

5) 국부부식(local corrosion)

반세기 전에 Whitman과 Russell은 흥미로운 실험을 실시했다. 그들은 동일 규격의 강시편 2매를 준비해서 하나는 그대로, 또 하나는 표면적의 3/4에 동도금을 실시하여 수도수(포화지수는 부)에 침지시켜 일정기간 후 부식량을 비교했다.

실험결과 도금하지 않은 시편은 표면 전체가 부식되었으며, 3/4의 면적에 동도금을 실시한 시편의 경우는 도금을 실시하지 않은 1/4만이 부식되었지만, 전체적인 부식량(질량 감소)은 2개의 시편이 동일했다. 이는 부식이 강 표면에서 균일하게 발생했다고 볼 때 동도금을 실시한 강시편에 있어서 강소지가 노출된 부분의 두께 감소는 도금을 실시하지 않은 시편의 4배임을 뜻한다. 이상의 실험결과는 다음과 같이 설명할 수 있다. 즉 강시편은 모두 동일한 규격과 형상이므로 동일한 용존산소농도의 수중에서는 같은 양의 용존산소가 전 표면에 공급된다. 이러한 조건하에서는 강과 동이 모두 산소를 환원하므로 캐소드반응량은 동일하다. 그러나 강 표면이 녹으로 덮여 있는 점을 감안한다면 동 표면이 장기적으로는 캐소드반응이 클 것으로 예상되지만, 이 실험은 단기간에 이루어진 것으로 그 영향은 거의 나타나지 않았다.

따라서 이에 따른 애노드반응도 동일하므로 전체 부식량은 변하지 않는다. 그러나 동도금을 실시하지 않은 강시편에서는 애노드반응(부식)이 전 표면에서 발생하는데 비해, 3/4의 표면에 동을 도금한 강시편에서는 1/4의 강 표면만이 부식되므로 후자의 침식률이 전자의 4배가 된다. 이처럼 어느 부분에서 애노드반응이 발생하던 전체의 부식량은 전 표면에 도달하여 반응하는 산소에 의해 결정된다(산소를 포획하는 면적으로 결정). 이를 캐치먼트 에어리어 프린서플(catchment area principle)이라 한다.

이 실험에서는 동도금에 의해 부식이 강에만 집중됨을 보여준다. 즉 강에 국부부식을 발생시키고 있다. 이 부식은 이종금속접촉 부식의 일종으로 볼 수 있으나 이종금속이 접촉되어 있지 않더라도 국부부식은 발생할 수 있다. 국부부식이 발생하기 위해서는 재료 표면 자체 또는 표면이 접하는 환경에 부분적인 불균일이 존재하지 않으면 안 된다.

우선 표면의 불균일을 예로 들면 다음과 같은 것이 있다. 이종금속접촉 부식은 각각의 금속이 그 부식환경에 단독으로 존재할 때의 부식전위가 다를 경우 양자를 접촉시키면 단독 시 전위 간에 존재하는 소정의 전위로 되려는 경향이 있어 높은 쪽의 금속은 단독 시보다 낮은 방향으로 분극해 부식은 감소하거나 정지하며, 낮은 쪽의 금속(부동태상태에 있는 금속 제외)은 높은 방향으로 분극해 부식이 촉진되는 현상이 발생한다. 따라서 동일금속이라도 표면상태, 열이력, 화학성분 등이 부분적으로 다를 경우 이중금속접촉 부식과 동일한 형태의 부식이 발생한다.

캐치먼트 에어리어 프린서플(Catchment area principle : 전 부식량은 표면에서 반응하는 산소량에 따른다는 이론) 이론에 입각해 볼 때 캐소드가 되는 면적이 애노드가 되는 면적에 비해 그 비율이 클수록 애노드 부분의 침식량이 크다는 것을 알 수 있다.

식염수와 같이 저항률이 작은(전도도는 크다) 환경 중에서는 근거리(수십 cm)의 저항은 문제되지 않는다.

따라서 애노드에 대한 캐소드의 면적비율이 커짐에 따라 애노드의 침식은 심해진다. 앞의 동도금 시편과 비도금 시편 간의 실험에서 만약 동도금 시편의 도금면적이 7/8이라면 노출부 0/8 부분)의 침식률은 8배 가까이 된다. 이는 캐소드 면적비율이 클수록 애노드 전위가 캐소드 전위에 보다 가까워지는(높은 방향으로 분극) 것과 같다. 그러나 이 비율을 계속 증가시켜도 별도의 제약이 가해지므로 애노드부의 침식이 무한대로 증가하는 것은 아니다. 예를 들어 환경의 저항률이 크면 캐소드를 아무리 증가시켜도 부식전류가 도달하는 거리는 한정되어 있기 때문에 애노드로부터 일정간격 이상 떨어진 캐소드는 유효하게 작용하지 못한다.

담수의 저항률은 상당히 크기 때문에 캐소드가 애노드에 영향을 미칠 수 있는 거리는 식염수에 비해 짧다. 앞에서 설명한 Whitman의 실험에서는 소형 시험편을 이용하고 있어 캐치먼트 에어리어 프린서플(catchment area principle)이론은 정량적으로 성공했다. 면적비에 따른 부식이 이루어지지 않는 또 한 가지 이유는 캐소드 면적비율이 증가해 애노드 전위가 여기에 무한대로 가까워지면 그 이상 캐소드 면적비율을 증가시켜도 애노드 전위는 더 이상 높아지지 않기 때문이다. 표면상태의 차이에 의한 국부

Check point!

국부부식

균일부식이 표면 전체에서 고른 속도로 부식되는데 비해 국부부식은 국부적으로 부식이 집중되어 발생하는 현상으로 대표적인 것은 공식(pitting)이다.

부식의 대표적인 예는 흑피(mill scale)를 보유한 강의 부식이다. 흑피를 유지하고 있는 부분은 노출된 강 표면보다 전위가 높기 때문에 만약 흑피가 파괴되면 그 부분에 국부적인 부식이 발생하기 쉽다. 흑피는 원래 균열이 많은 물질이므로 외관상 완전한 것 같아도 국부부식이 일어나기 쉽다. 열이력의 차이로 인한 영향은 용접부에서 발생하기 쉬운데, 그 대표적인 것이 간접강관의 용접부에 발생하는 도랑형 부식이다. 이러한 강관은 얇은 강판을 원형으로 말아 접합 부분을 맞대기 전기용접해 제작한 관으로 이때 용접부만이 국부적으로 가열 · 냉각되기 때문에 나머지 부분과 열이력이 달라져(금속조직도 변한다) 모재에 대해 애노드가 되는 경향이 있다. 그 결과 전기용접부를 따라 직선으로 도랑형의 침식이 일어난다.

이러한 부식은 항상 발생하는 것은 아니지만, 수질이나 유동 조건에 따라 발생할 수도 있다. 단, 이러한 침식이 발생하는 조건은 정량적으로 명확하지 않은 상태이다. 이러한 부식이 발생하면 침식률이 매우 커서 관이 쉽게 관통되는 사고를 일으킬 수 있다. 그림 3-23은 이러한 일군의 부식 사례를 보인 용접부의 침식도를 나타낸 것인데, 부식이 심한 경우에는 9mm/y에 달하는 경우도 있다. 도랑형 부식은 전기용접부를 포함하는 부분에 녹혹이 발생하여 그 밑이 침식될 때 용접부만이 특히 심하게 침식되는 경우가 있다. 이때 도랑은 일직선이 아닌 녹혹의 발생분포에 따라 불연속적으로 형성된다. 어떤 형태의 도랑형 부식이 발생하든지 이러한 부식이 발생한다는 사실은 혼성전위에 있어서 전기용접부에서의 애노드 용해전류가 모재부보다 크다는 것을 의미한다. 이것은 애노드 분극거동이 두 곳에서 다르기 때문에 개로전위가 다르며(a와 b의 전위), 양자가 연

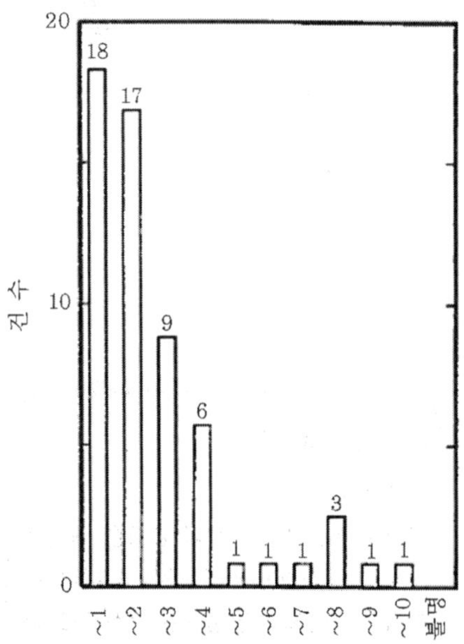

그림 3-23. 구상부식의 침식도

결되어 혼성전위가 될 때의 전류밀도는 용접부쪽이 크다(d>c). 이때 양자간에는 전지작용이 일어난다. 양자가 다같이 녹혹 아래에 있을 때는 양자 모두 주면부에 대해 애노드가 되지만, 이들이 같은 전위를 이루기 때문에 전기용접부가 더 큰 속도로 부식·용해되는 것이다.

열영향을 받아 금속조직이 모재부와 달라지는 것은 용해거동이 달라지기 위한 필요충분조건은 아니지만, 그럴 가능성이 있으므로 주의하지 않으면 안 된다. 전접강관의 경우 예를 들어 유황함유량이 0.02% 정도로 높으면 도랑형 부식이 발생하기 쉽다. 이를 열처리하여 외관상 금속조직의 차이를 없앤다해도 도랑형 부식감수성은 남는다. 그러나 유황의 함유량을 0.005% 이하로 낮추면 용접부에서 조직의 차이가 발생해도 부식감수성이 개선되며, 여기에 Cu를 첨가하는 동시에 Ca, Ti 및 희토류 원소를 첨가하면 감수성은 대부분 제거된다. 최근에는 이러한 방법으로 제작된 강관이 시판되고 있다.

> **Check point!**
> 열영향을 받아 금속조직이 모재부와 달라지는 것은 용해거동이 달라지기 위한 필요충분조건은 아니지만 그럴 가능성이 있으므로 주의하지 않으면 안 된다.

전기용접한 강관과 마찬가지로 강판이나 강관의 용접연결부에서도 열이력 차이(용접열영향부) 및 화학조성의 차이로 인해(용접금속) 국부부식이 발생하는 경우가 많다. 표면이 접하는 환경의 부분적인 차이로 인해 두 부분에서 전지가 형성되어 국부 부식이 발생하는 경우가 있다. 그 전형적인 예가 용존산소의 농도차(통기차) 부식구조이다. 수중에서는 종종 「녹혹」이라는 혹모양의 녹덩어리가 산재하여 발생한다. 이러한 녹혹 하부에 해당하는 강 표면에서는 두꺼운 녹혹 때문에 용존산소 공급이 불가능하여 용존산소가 풍부한 주위에 비해 상대적으로 산소가 부족해 통기차전지를 형성하게 된다. 따라서 녹혹의 하부에는 심한 부식이 발생한다. 그림 3-24는 이러한 형태의 부식을 모식적으로 나타낸 것이다. 부식

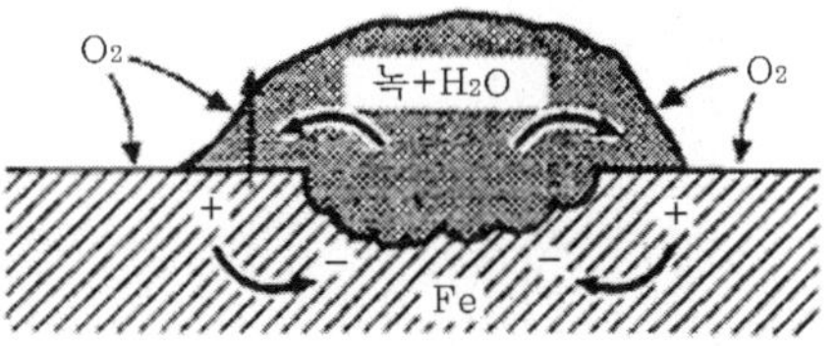

그림 3-24. 녹혹 밑에 발생하는 공식의 모식도

은 녹혹 주면에 공급되는 용존산소에 의한 캐소드반응에 기인한다. 담수는 비교적 저항률이 크기 때문에(예를 들면 약 5,000$\Omega \cdot$cm) 녹혹 밑의 부식에 기여하는 캐소드반응은 녹혹의 주면부에 한정되는데, 그 이유는 녹혹에서 멀리 떨어진 곳에서는 물의 전기저항으로 인해 전류가 도달하기 어렵기 때문이다.

3.2.3 담수에 의한 기타 금속의 부식

처음에 설명했듯이 동이나 아연은 얇은 부식생성물피막을 생성해 용존산소에 의한 부식에 대하여 내식성을 나타내는 금속이다.

동은 급수나 급탕용 배관재료로서 우수한 재료이다. 그러나 외부로부터의 오염이나 녹이 동 표면에 축적되면 그로 인해 통기차부식을 일으키거나 축적물에 수반되는 유체의 난류에 의해 보호성 피막이 파괴되어 이른바 충격부식(보통 공식형태의 부식이 됨)이 발생한다. 또한 유속이 지나치게 상승하면 기계적인 작용에 의해 피막이 국부적으로 손상되어 국부부식이 발생한다. 동의 공식은 제조시 이용되는 윤활제의 잔사나 냉간굽힘에 이용되는 충진제에 기인하는 탄소피막, 열처리 불량으로 생성되는 유리형태의 Cu_2O 피막 등 캐소드적인 성질이 강한 물질의 존재하에서 발생하는 것으로 알려져 있다. 그러나 일본의 경우 이와는 다른 이유로 공식이 발생하는 경우도 많다. 즉 일본과 같이 연수(포화지수가 부인 상태)를 사용할 경우, 수중의 HCO_3^-에 비해 SO_4^{2-} 이온이 많을 뿐만 아니라 Cl^-이온이 많은 수질에서는 녹혹 형태의 염기성 황산동을 생성하여 그 밑에 공식이 발생하는 사례가 상당수 알려져 있다. 특히 급탕관에서 그 사례가 많은데, 대책으로는 HCO_3이온의 첨가, SO_4^{2-} 및 Cl^-의 저하, pH의 상승 등을 들 수 있다. 잔류염소의 산화작용으로 전위가 상승하여 공식이 발생, 공식 내부에서 생성된 염화동이 가수분해되어 pH를 저하시키기 때문이다. HCO_3 농도가 낮으면 물의 pH 완충력을 저하시켜 pH가 쉽게 저하된다. 아연의 보호성 피막형성이나 내식성은 수질의 영향을 많이 받는다. 용존산소가 부식의 주요 원인이지만, 보호성 피막생성에는 pH가 커다란 영향을 미친다. 그림 3-25는 부식에 대한 pH의 영향을 나타낸 것으로 pH 7~12 범위에서 가장 내식성이 크다. pH 13 이상에서 부식이 증가하는 것은 아연이 알칼리와 반응하여 용해되기 때문으로 일반 담수에서는 이러한 경우가 없어 문제되지 않지만 pH가 7 이하로 떨어지는 경우가 많으므로 주의를 요한다.

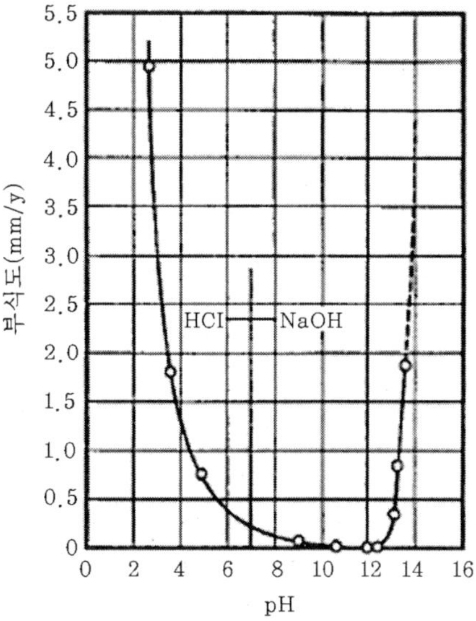

그림 3-25. 아연의 부식속도와 pH의 관계

담수의 pH를 저하시키는 요소 중 하나는 탄산가스이다. 앞에서도 설명했듯이 대기 중의 CO_2에 의한 pH 저하는 비교적 경미하지만, 지하수에서는 CO_2의 분압이 높을 경우 아연이 부식되기 쉽다. 아연이 부식되어 상당량 물에 용입되면 아연화합물에 의해 물의 색깔이 흰색으로 탁해진다. 상수의 경우 염소 주입이나 황산알루미늄 투입에 의해 pH가 저하된다. 이 때문에 알칼리제를 첨가하는데 일본의 경우 상수의 수질기준에는 pH가 5.8~8.6으로 되어 있으나 7 이하인 경우도 많다. 아연이 담수에 접하는 경우는 대부분 아연도금강재의 형태이다. 아연이 부식에 의해 소모되어 일부에서 강 표면이 노출되면 아연은 희생양극으로서 작용하여 강을 보호한다. 강과 아연의 조합에 있어서 이는 이종금속접촉 부식에 해당되며, 전위가 낮은 아연이 애노드(양극)가 되어 용해되고, 강은 캐소드(음극)가 되어 전류가 유입 · 방식된다.

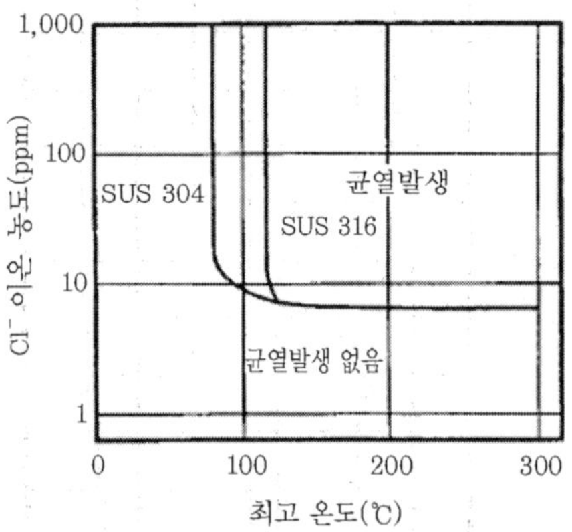

그림 3-26. 화학공장내 냉각기 튜브의 표면 온도와 Cl^- 농도의 응력부식 균열 발생 한계

그러나 수질에 따라서는 아연 표면에 특수한 피막이 생성되어 강보다도 높은 전위가 되므로 희생양극으로서의 작용을 잃고 오히려 강의 부식을 촉진시켜 공식을 유발하는 경우도 있다. 이를 전위의 역전이라 한다. 온도가 높고(대체로 60℃ 이상) 탄산염이나 질산염이 많을 때 이러한 경향이 강하다. 그러나 Cl^-나 SO_4^{2-}는 이것을 방해하는 것으로 알려져 있으므로 해수조건에서 이러한 역전현상은 발견되지 않는다.

종래에는 아연도금강관이 급수관이나 급탕관으로 많이 사용되었지만 최근에는 급수관으로 플라스틱관이나 강관 내부에 폴리에틸렌 또는 염화비닐을 라이닝한 관, 급탕관으로는 동관 및 스테인리스강관, 내열 염화비닐라이닝강관 등이 사용되고 있다. 원칙적으로 스테인리스강이나 알루미늄은 담수 중에서는 부동태화하여 우수한 내식성을 나타낸다. 그러나 이들 재료에서 문제되는 것은 공식과 틈부식(crevice corrosion)이다. 이러한 손상은 모두 Cl^-를 포함하는 수중, 특히 온도가 높은 경우에 발생하기 쉽다. 또한 알루미늄에서는 수중에 동이온과 같은 중금속이온이 미량 포함되어 있을 경우 공식 발생 경향이 크다.

예를 들면 0.1ppm 정도의 동이온이 존재하는 경우라도 공식은 발생한다. 응력을 받고 있는 오스테나이트계 스테인리스강은 Cl^-의 존재하에서 결정입내를 관통하는 응력부식 균열이 발생한다. 이러한 현상은 종종 50~60℃ 이상에서 문제가 된다. 전열면에서는 Cl^-가 표면에 농축함으로써 Cl^-이온농도가 낮은 상태에서도 균열이 발생할 수 있다. 그림 3-26은 화학공업의 냉각기전열관이 Cl^-를 포함하는 담수에 의해 응력부식 균열이 발생하는 온도와 Cl^-농도에 대한 한계치를 나타낸 것으로, 10ppm 정도의 Cl^-이온 농도에서 균열이 발생한다.

퍼라이트계 스테인리스강은 이러한 종류의 균열에

대한 저항성이 크다. 스테인리스강이 예민해져 있어도 담수에 의해 업계부식이 일어나는 경우는 그리 많지 않다. 그러나 과대한 인장응력이 가해지고 있는 상태에서 Cl^-이온 등이 존재하면(Cl^-이온은 필수적인 것은 아니지만 부식을 촉진함) 입계균열이 발생할 수 있다. 스테인리스강관을 빌딩의 온수계에 이용할 경우 틈 부분에서의 틈부식이나 응력부식균열, 그리고 용접부에 산화스케일 잔존시 스케일 하부에서의 국부부식 등에 주의해야 한다.

3.3 해수환경에서의 부식

3.3.1 해양부식환경의 특징

1) 해수의 성질

해수는 지구표면적의 약 70%를 덮고 있으며, 그 수심은 평균 약 4km에 달한다. 대체로 중성의 pH 영역에 있는 해수는 표 3-5에 나타낸 바와 같이 다양한 화학성분을 포함하고 있다. 해수의 염분농도는 해역에 따라 다소 차이가 있지만 해수에 포함되어 있는 주요 이온의 종류와 농도를 비교하면 성분의 상호 비율은 해역에 관계없이 거의 일정한 것으로 알려져 있다. 해수의 염분농도(S : salinity)는 표준농도의 질산은을 이용하여 적정분석으로 구한 염소량(C : chlorinity)을 이용해 다음 식으로 구할 수 있다.

$$S(\%) = 0.31 + 1.805\,C \text{ (g/물 1kg)}$$

여기서 염소량이란 해수 1kg에 포함된 할로겐의 g수이다. 예를 들어 해수의 염소량을 19라 하면, 그 염분량은 약 34.6(‰)(1,000분율)가 된다. 해수의 저항률은 표 3-6에 나타낸 바와 같이 20~30$\Omega \cdot$cm이다. 같은 중성수라도 염분농도가 낮은 수도수의

표 3-5. 해수에 포함된 화학성분

성분	염분농도%(g/물 1kg)	카티온(%)		아니온(%)	
염화물	19.353	Na^+	1.056	Cl^-	1.898
나트륨	10.76	Mg^{2+}	0.127	SO_4^{2-}	0.255
황산염이온	2.712	Ca^{2+}	0.040	HCO^{3-}	0.014
마그네슘	1.294	K^+	0.038	Br^-	0.0065
칼슘	0.413	Sr^{2+}	0.001	F^-	0.001
칼륨	0.387	합계 1.262		합계 2.184	
중탄산염	0.142				
브롬	0.067				
스트론듐	0.008				
붕소	0.004				
불소이온	0.001				

표 3-6. 해수의 전기저항

온도	10	15	20	25
전도율	37.4	42.2	47.1	52.1
비저항	26.8	23.7	21.2	19.2

표 3-7. 해수의 포화용존산소농도

염소량 (%)	0	5	10	15	20
염분농도 (%)	0	9.06	18.08	27.11	36.11
0℃	14.6	13.7	12.8	11.7	11.0
10℃	11.3	10.7	10.0	9.4	8.7
20℃	9.2	8.7	8.2	7.8	7.2
30℃	7.7	7.3	6.8	6.4	5.4

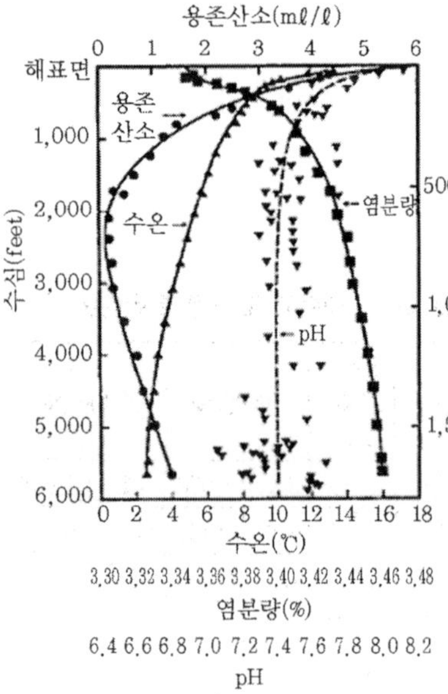

그림 3-27. 수심과 해수와의 관계

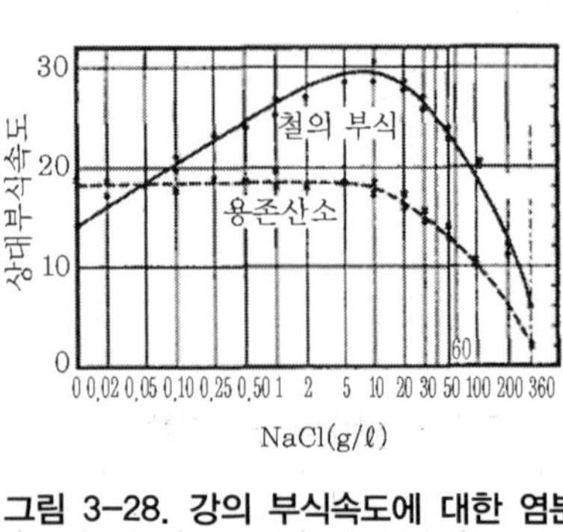

그림 3-28. 강의 부식속도에 대한 염분농도 및 용존산소농도의 영향

저항률은 약 5,000Ω · cm이므로 해담수보다 부식전지를 형성하기 쉬운 전해질용액이라 할 수 있다. 상온의 해수는 표 3-7에 나타낸 바와 같이 8~13ppm의 용존산소를 포함하고 있는데, 해수의 포화용존산소농도는 온도가 상승함에 따라 감소한다. 해수의 pH는 청정해역에서 약 8.1~8.3을 나타낸다.

그림 3-27에 그 측정 예를 나타냈는데, 수심이 깊어지면 해수의 pH와 용존산소농도, 그리고 염분량은 서서히 면한다. 그러나 심해의 수질에 대한 실측예는 상당히 부족한 상태로 향후의 과제로 남아 있다. 해수는 강재의 부식경향에 따라 청정해수, 오염해수, 하해수 등으로 구별하여 부르는 경우가 있다. 하해수란 강의 하구 등에서 볼 수 있는데, 해수와 하천수가 서로 섞여 있는 것을 말한다. 표 3-8에는 이들 자연수의 수질분석 예를, 그리고 표 3-9에는 청정해수와 오염해수를 구별할 때 기준이 되는 수질의 분석범위를 정리했다.

해수 중의 염분은 하천수에 의해 희석되므로 하해수에 포함된 Cl^-농도는 해수와 하천수의 중간치를 나타낸다. 강의 부식도는 그림 3-28에서와 같이 용존산소농도와 염의 농도에 의해 변화한다.

그림 3-28을 자세히 보면 용존산소의 용해농도는 염분농도의 증가와 함께 감소한다. 따라서 하해수의 용존산소농도는 해수보다 크다. 오염해수의 특징은 황화수소 등을 포함하기 때문에 청정해수에 비해 pH가 낮고, 유기물오염 정도를 나타내는 COD가 높다는 것이다.

COD는 화학적 산소요구량(chemical oxygen demand)으로서, 화학적으로 산화된 시험수 중의 과망간산칼륨의 양을 측정하여 이를 산소소비량으로 환산한 것이다. 오염해수 중의 용존산소농도는 청정해역에서보다 낮은 경우가 많다. 따라서 오염해역에서는 혐기성 황산염 환원박테리아가 번식해 있는 경우도 적지 않다. 황산염 환원박테리아는 해수 중에서보다 해저토중에 서식하고 있는 경우가 많다.

표 3-8. 해수의 수질분석

구분	청정해수	오염해수	하해수
pH	8.35	8.02	7.60
저항률($\Omega \cdot$ cm)	20.6	20.8	50
전경도(mg/l)	5,969	5,771	3,532
용존산소(mg/l)	5.85	1.31	(7.8~8.3)
NH_4^+(mg/l)	0.8	3.2	4.5
Cl^-(mg/l)	17,964	17,392	10,527
COD(mg/l)	2.0	4.0	4.5
S^{2-}(mg/l)	<0.02	0.12	0.09
투시도(cm)	>30	<30	30

표 3-9. 해수의 수질판정 기준

구분	청정해수	오염해수
pH	7.5~8.5	6.5~7.5
NH_4^+(mg/l)	<4	>4
COD(mg/l)	>4	<4
S^{2-}(mg/l)	<0.05	>2
투시도(cm)	무검출	검출되는 경우 있음

2) 해양 부식환경 구분 및 특징

북극해 등 극지와 적도 부근의 해수를 부식환경 측면에서 비교하면 서식하는 해양생물의 종류와 수온을 제외하고는 큰 차이가 없음을 알 수 있다. 그런데 같은 해역이라도 대기에 접하는 부분에서 수직으로 내려가면서 비교하면 금속의 부식에 대해 전혀 다른 영향을 미치는 부식환경이 존재함을 알 수 있다.

강관파일(steel pile)과 같이 대기로부터 해저토중까지 연속되어 있는 구조물의 해양부식환경은 대기에서 수직방향으로 해상대기부, 비말대, 간만대, 해수중, 해저토중부의 5단계로 구분하는 것이 일반적이다. 해수가 해역에 따른 변화가 적은 부식환경인데 비해, 해양대기부나 간만대의 부식환경은 극지와 적도 부근의 해역을 비교할 때 상당히 달라진다. 다음에는 해상대기부에서 해저토층부까지 5단계로 구분되는 해양부식환경의 특성에 대하여 간단히 설명한다.

Check point!

금속 표면에 석출하는 해염입자의 양은 파랑, 풍향, 강우, 기온 및 습도, 일광의 조사량, 그리고 해면으로부터 거리 등 여러 가지 인자의 영향에 따라 달라진다.

(1) 해상대기부

해상대기에 노출된 금속의 부식속도는 비말하는 해염입자와 미스트(mist)의 양에 따라 현저하게 변화한다. 금속 표면에 석출하는 해염입자의 양은 파랑, 풍향, 강우, 기온 및 습도, 일광의 조사량, 그리고 해면으로부터 거리 등 여러 가지 인자의 영향에 따라 달라진다. 예를 들면 아열대에 속하는 해안의 염분입자량과 온대지역 해안의 경우는 다르다. 또 해염입자 중에서도 염화마그네슘이나 염화칼슘과 같이 조해성이 강한 성분이 금속 표면에 부착할 경우 주면으로부터 수분을 흡수하여 금속면에 수막을 형성하기 쉽다.

그림 3-29. 부식이 진행됨에 따라 녹물이 바다로 유입되는 상태

(2) 비말대

비말대는 해수면의 직상부에 해당하는 부분으로 구조물에 부딪쳐 부서지는 해수비말이 닿는 부위이다. 이 환경에 위치한 금속의 표면은 충분한 산소를 포함하는 얇은 수막으로 덮여 있어 항상 젖은 상태이며, 생물의 부착이 없는 경우가 많다.

(3) 간만대

간만대에서는 해수면의 조석간만이 규칙적으로 발생한다. 해수의 조석범위는 해역에 따라 크게 다르다. 또한, 해역에 따라 서식하는 생물의 종류 및 밀도는 다르지만 해양생물의 부착량이 많은 편이다. 도장 등의 방식피복에 있어서 유목 등에 의한 충돌이나 선박으로부터 유출된 기름의 부착 등 예기치 못한 열화원인이 많은 환경이기도 하다.

(4) 해수중

이 부분은 금속이 항상 해수에 침지되어 있는 환경이다. 이 부분은 앞서 설명한 바와 같이 수심에 따라 온도나 용존산소농도, 그리고 염분농도가 변하며, 해역에 따라서는 해양생물의 부착 상황이 달라 오염물질이 존재하는 경우도 있다. 해수 중에서 금속은 강과 마찬가지로 산소소비형의 캐소드지배 조건하에서 부식되거나 티탄과 같이 부동태화된다.

(5) 해저토중부

해저토중부는 저항률이 큰 경우 육상부의 토양과 거의 같은 부식환경을 나타낸다. 해저토중부에 박테리아가 번식해 있는 경우에는 황화수소, 암모니아, 메탄 등이 발생하며, 특히 혐기성 황산염 환원박테리아가 존재할 경우 다음 식과 같이 황화물을 환원해 황화수소를 발생시킨다.

$$SO_4^{2-} + 8e^- + 10H^+ \rightarrow H_2S + 4H_2O$$

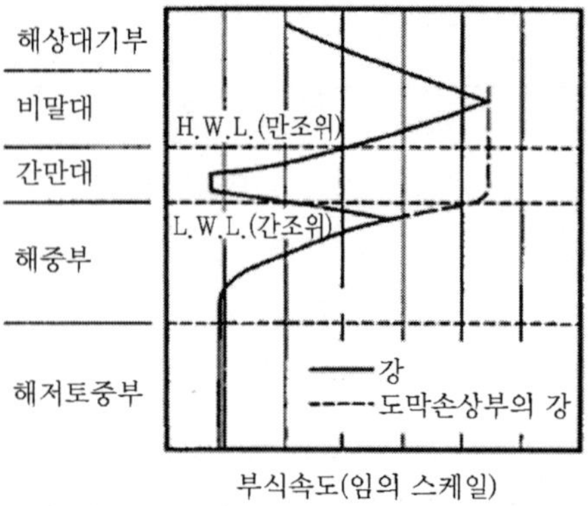

그림 3-30. 해양환경에 폭로된 강재의 부식 경향

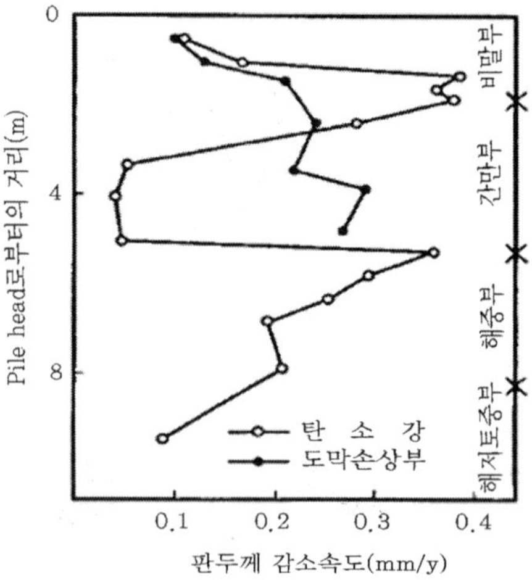

그림 3-31. 부식으로 인한 강관파일의 두께 감소 속도

3.3.2 해양환경에서의 강재부식

1) 강재 부식

강관파일이나 시트파일을 부재로 하는 항만구조물은 해상대기부로부터 해저토중까지 이어진 연속체로서 전기적인 일체로 간주한다. 이러한 구조물의 부식속도는 그림 3-30에 나타낸 바와 같이 비말대가 가장 크고, 다음이 간조의 바로 밑부분, 해수중, 간만대, 해상대기 순으로 감소한다. 앞서 설명했지만, 비말대에 위치하는 강재의 부식속도는 해수비말에 의해 형성되는 얇은 수막을 통해 산소가 충분히 공급되므로 매우 큰 값을 나타낸다.

이에 반해 해수면의 간만이 발생하는 가혹한 부식환경임에도 불구하고 해수의 표층 부분(간조위 직하부)과 간만대 사이에 형성되는 부식전지의 영향 때문에 간만대에 위치하는 강재의 부식속도는 작은 편이다.

즉 간만대에 위치하는 강재에 공급되는 산소량은 해수표층부에 비해 접해 있는 대기와 해수의 산소분압 차이를 반영하여 훨씬 크다. 이 산소공급량에 의해 환경에 관련된 부식전지(산소농담전지)가 형성되는데, 이때 간만대에 위치하는 강재는 이 부식전지에 캐소드로서 작용한다. 그 결과 간만대에 위치하는 강재는 해수표층부의 강재를 희생양극으로 하는 전기방식작용을 받는 상태가 되므로 부식속도가 억제되는 것이다. 한편 해수표층부(간만부위 직하부)에 위치하는 강재는 부식전지의 애노드로서 작용하기 때문에 부식속도는 커진다. 항만관계에서는 후자의 간조부위 직하부에 발생하는 국부부식을 집중부식이라 한다.

그림 3-31은 무도장 강관파일과 도장한 파일을 실제 해역에서 5년간 폭로시험을 실시하여 얻은 부

식으로 인한 강의 두께 감소 측정 예이다. 무도장 강관파일은 도막이 전기의 불량도체이기 때문에 도장한 강관파일 간만대 부위에서의 도막손상부 부식속도는 무도장 강관과 현저한 대조를 보인다.

간만대의 도막이 손상을 입어 강재가 노출되어도 해수표층부의 도막이 건전하게 존재하면 두 환경에 걸친 부식전지는 형성되기 어렵다. 따라서 간만대에 위치하는 강재의 도막 손상부는 원래의 가혹한 간만대의 부식특성에 따라 부식되므로 커다란 부식속도를 나타낸다. 표 3-10은 항만구조물을 이용하여 측정한 강재의 부식속도를 해양부식환경별로 정리한 것이다.

표 3-10. 항만구조물에 이용된 강재의 부식도

환경	시험재의 형상	측정 데이터수	부식속도 (mm/y)
해상 대기부	부식 시험편	19	0.128
	평균	19	0.128
비말대	시트파일	8	0.112
	강관파일	1	0.25
	H형 스틸빔	2	0.198
	부식시험편	16	0.363
	평균	27	0.272
간만대	시트파일	35	0.044
	강관파일	4	0.070
	H형 스틸빔	2	0.055
	부식시험편	27	0.137
	평균	68	0.083
L.W.L	시트파일	42	0.047
	평균	42	0.047
해중부	시트파일	59	0.039
	강관파일	5	0.062
	H형 스틸빔	3	0.049
	부식시험편	61	0.143
	평균	128	0.090
해저 토중부	H형 스틸빔	2	0.033
	부식시험편	3	0.103
	평균	5	0.075

2) 해수 중 강재의 부식인자

해수에 침지된 강재는 담수 중에서와 거의 동일한 기구에 의해 전기화학적으로 부식된다. 따라서 해수 중에서 강재의 부식속도는 농도비율에 따라 주면의 해수로부터 강표면으로 확산되어 오는 용존산소농도에 의해 결정된다. 강재의 해수부식에 관해서는 담수와 또 다른 여러 가지 인자가 관여하므로 담수에서의 부식거동과 중복되는 사항은 제외하면서 설명하기로 한다.

(1) 녹층의 영향

해수에 잠긴 강의 부식속도는 담수에서와 마찬가지로 산소의 확산에 지배되지만, 담수에 침지된 강재의 경우보다 큰 경우가 많다. 그 이유는 해수가 담수에 비해 전기의 양도체로서 부식전지 형성에 유리하며, 해수 중에서 형성되는 녹층은 용존염류의 영향으로 많은 결함이 존재하여 보호성이 결여된다는 점을 들 수 있다. 대기와 평형상태에 있는 해수에는 약 8ppm의 용존산소가 용해되어 있다. 그러므로 8ppm

의 용존산소를 포함한 용액 중 강재 부식 속도를 두께 감소 속도로 환산하면 약 0.45mm/y에 상당한다. 그런데 해중에 침지된 강재의 부식속도는 표 3-10에 나타낸 바와 같이 약 0.1mm/y 정도이다. 0.45mm/y로 계산된 강의 부식속도는 아직 표면에 녹층을 형성하지 않은 활성상태의 강재 부식 속도에 대응한다.

어느 정도의 침지시간을 경과하면 부식생성물이 표면에 침전·퇴적하기 때문에 강의 표면은 두꺼운 녹층으로 덮이게 되는데, 이때 녹층은 강 표면으로 용존산소 확산을 물리적으로 차단하는 작용을 한다. 따라서 장기적인 안목으로 볼 때 강재의 부식속도는 그림 3-32에 나타낸 바와 같이 약 0.1mm/y로 보아야 한다.

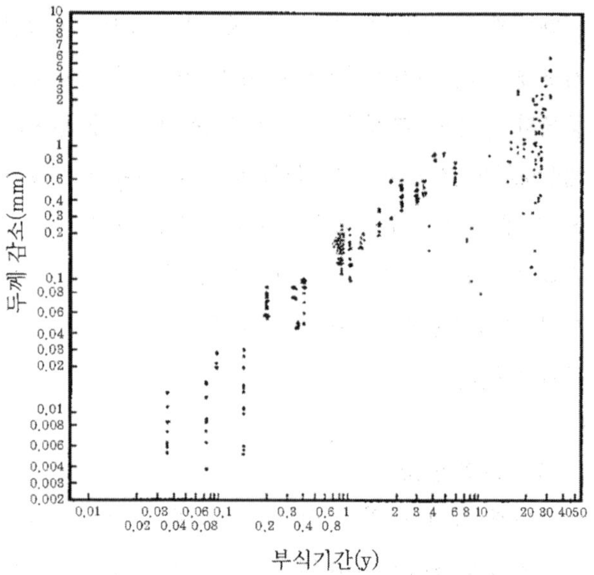

그림 3-32. 시간에 따른 강재의 두께 감소속도

(2) 유속의 영향

담수 부분에서 설명한 바와 같이 물의 흐름이 있는 경우 확산층 두께가 감소하여 산소 공급량이 증가하므로 강재의 부식속도는 유속이 증가함에 따라 빨라진다. 그러나 유속이 더욱 증가하여 산소가 과잉공급되면 강재의 표면은 산화물로 덮여 부동태를 형성하고, 오히려 강재의 부식속도는 감소 경향을 보인다.

그런데 해수에 포함된 다량의 Cl^-이온은 공식을 촉진시킬 뿐만 아니라 강재의 부동화를 방해하므로 유속이 증가해도 강은 부동태화되기 어렵다. 따라서 해수에 침지된 강재의 부식 속도는 유속의 증가와 함께 증대된다.

(3) 응력의 영향

해수에 침지된 강재의 부식속도는 응력이 작용해도 거의 변하지 않는다. 그러나 표면에 생성된 녹층이 파괴될 정도의 응력이 반복적으로 작용하면, 새롭게 노출된 표면이 활성상태로 되어 부식되므로 강의 부식속도는 응력부에서 국부적으로 높아진다. 응력의 영향이 우려되는 경우는 부식과 응력이 상승작용을 일으켜 강재가 파괴되는 경우이다.

그러나 황화수소와 같은 특정열 유기물질이 포함된 경우나 수온이 높을 때 또는 사용 강재의 강도가 $120kg/mm^2$를 넘는 고장력강인 경우를 제외하면 해수 중에서 응력 부식 균열로 인한 강재의 파괴는 오히려 적은 편이다. 해수의 부식작용과 규칙적인 반복응력을 동시에 받으면 강은 부식피로를 발생시켜 결국 파괴에 이른다.

산소를 제거한 식염수 중에서는 강의 부식이 일어나지 않는다. 반복응력이 가해져도 강재에는 부식피로가 발생하지 않지만 산소를 포함한 식염수에 침지하면 가해지는 반복응력의 크기가 작더라도 부식피로를 발생한다.

즉 해수에 침지된 강재에 발생하는 부식피로의 특징은 파괴응력에 명확한 하한치가 존재하지 않는다는 것이다. 파랑으로 인해 6~10cm 주기의 반복응력이 연속적으로 가해지는 해중구조물이나 해수를 사용하는 기계 및 배관설비에 있어서 부식피로는 손상의 주요원인이 된다. 부식피로는 부식과 반복응력의 상호작용이다. 따라서 해상에 설치되는 강구조물의 설계 및 해수를 취급하는 각종 기계, 펌프, 그리고 배관 설계시 부식과 반복응력을 고려한 설계가 이루어질 때 부식피로에 의한 손상을 효과적으로 경감시킨다.

3) 내해수강

강재는 비말대에서 최대의 부식속도를 나타낸다. 즉 해양환경에서 사용되는 강재의 수명은 비말대에 사용된 강재의 부식속도에 의해 결정된다고 할 수 있다. 내해수강은 비말대에 이용되는 강재의 내식성을 향상시키기 위해 개발된 저합금강계 합금으로 주로 강관파일이나 시트파일 등 항만구조물의 부재로 많이 적용되고 있다. Cu, Cr, Ni, Al 등의 원소를 소량 첨가하면 그림 3-33에서 보는 바와 같이 비말대에 사용된 강재의 부식속도는 보통강의 1/2 정도 부식 속도를 나타낸다. 저합금계 내해수강이 비말대에서 내식성을 나타내는 이유는 강 표면에 생성되는 녹층이 치밀하여 보호성이 향상되기 때문인 것으로 알려져 있다. JIS에는 규정되어 있지 않지만, Cu-Ni-P, Cu-Cr-Al, Cu-Cr-Mo 등의 내해수강이 사용되고 있는 데, 이들은 각각 적합한 용접봉을 사용할 때 효과적이다.

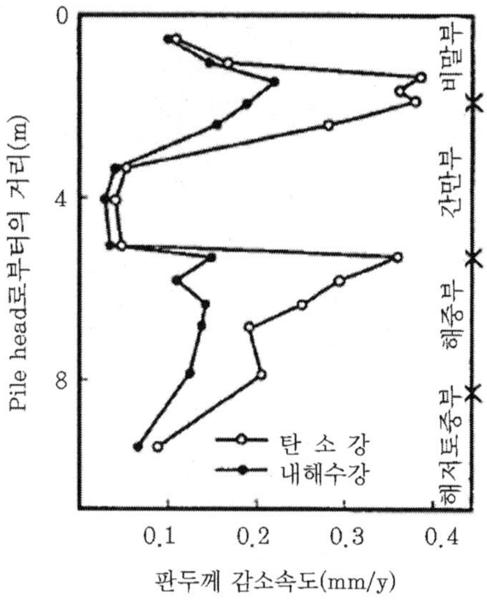

그림 3-33. 내해수계 저합금강의 부식경향

3.4 토양환경에서의 부식

3.4.1 토양부식의 특성

토양 중에 매설된 금속체에 발생하는 부식을 토양부식(under-ground corrosion)이라 한다. 토양부식으로 인해 문제가 되는 것으로는 수평방향으로 부설된 각종 배관류, 수직방향으로 항타한 건축 기초파일 등이 있다. 이들은 일상에 필요불가결한 가스관, 수도배관, 그리고 각종 건축구조물의 기초구조물일 뿐만 아니라 부식으로 인한 재해의 위험마저 내포하고 있어 그 대책은 매우 중요하다. 또한 대기 중에 설치된 구조부와 달리 일단 매설된 배관 등은 부식상태를 쉽게 관찰할 수 없어 가스 및 수도수의 누설로 인해 비로소 부식이 감지되는 경우도 적지 않다. 이러한 매설장치나 구조물에 대한 부식대책을 수립하기 위해서는 토양부식의 특성을 충분히 이해두어야 한다. 특히 철강의 토양부식은 모두 습식으로 볼 수 있는데, 마이크로 부식(micro corrosion), 매크로 부식(macro corrosion) 및 미주전류 부식으로 대별된다.

1) 마이크로 부식(Micro)

토양과 접해 있는 금속체 표면에는 표면상태, 화학조성 등의 사소한 차이로 인해 미시적인 애노드부와 캐소드부로 구성되는 마이크로 부식전지(미시적인 국부전지)가 다수 형성되어 있다. 이에 의한 부식을 마이크로 부식이라 하는데 부식의 진행에 따라 애노드와 캐소드부의 위치가 1° 이동하면서 비교적 느린 속도로 전면에 균일한 부식이 발생한다.

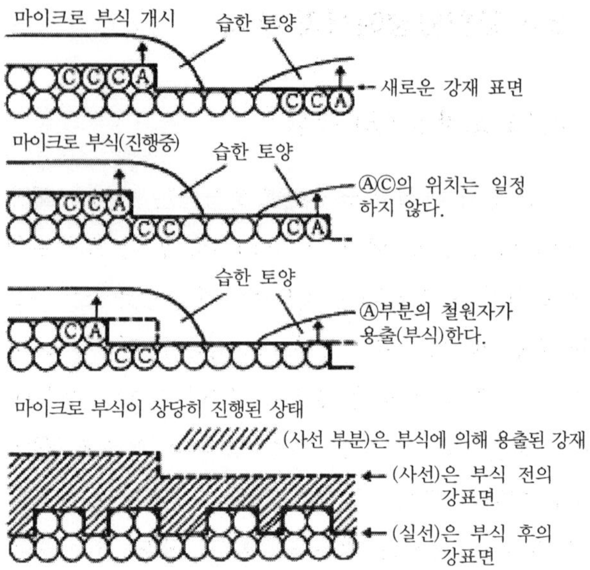

ⓐ : 애노드로 된 금속원자 ⓒ : 캐소드로 된 금속원자
(애노드와 캐소드의 위치가 바뀌면서 마이크로 부식이 진행되어 강재(鋼材) 표면이 거의 균일하게 용해된다.)

그림 3-34. 강 표면에 있어서의 마크로셀의 구성

2) 매크로 부식(Macro)

매크로 부식에 대해 상대적으로 자연전위가 낮은 부분(애노드부)과 높은 부분(캐소드부)이 거시적인 전지(매크로 부식 전지)를 형성하여 애노드부의 부식이 촉진되는 것을 매크로 부식이라 하며, 다음과 같은 특징이 있다.

① 마이크로 부식의 경우와 달리 애노드부와 캐소드부가 거시적인 면적을 보유, 각각 명확히 분리되어 있으며, 그 위치는 변하지 않는다.

② 캐소드부의 면적과 애노드부의 면적비가 부식의 중요한 인자로서 부식속도에의 영향이 크다. 미주전류 부식을 제외한 마이크로 부식 및 매크로 부식의 경우 토양 부식이 진행되고 있는 강의 전위는 애노드 전위와 캐소드 전위 사이의 값을 나타낸다. 일반적으로 이 전위를 자연전위라 하는데, Cu-Ni-P, Cu-Cr-Al,

Cu-Cr-Mo 등의 내해수강의 자연전위는 대부분의 경우 포화황산동전극 기준으로 −0.4~0.7V의 범위에 있다.

3) 미주전류 부식

미주전류란 전철이나 기타 전기설비로부터 대지로 누출되는 전류를 말하며, 직류전류가 부식과 관련 있다.

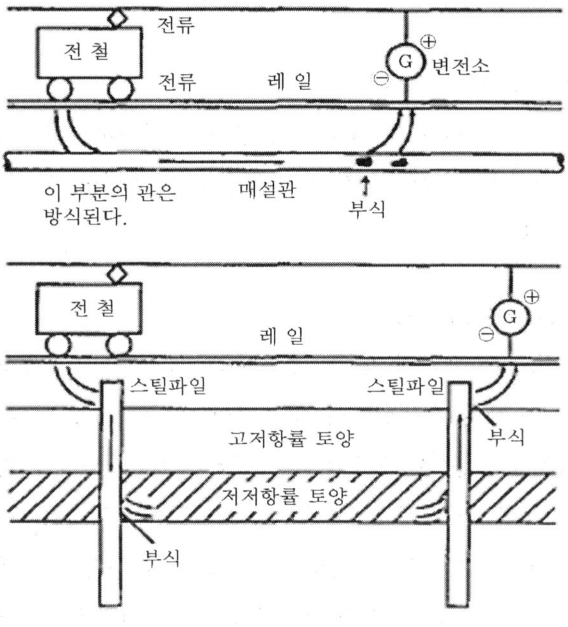

그림 3-35. 미주전류에 의한 매설관과 강관 파일의 부식

매설관으로 유입되는 전류는 전철과 함께 이동하여 유입부가 방식되지만, 전류가 매설관으로부터 유출하는 위치는 전철의 이동에 관계 없이 변전소에 가까운 부분에 한정되기 때문에 부식이 집중된다. 즉 미주전류는 언젠가는 전원으로 되돌아오는데, 그 경로에 금속구조물이 존재할 경우 그 구조물에 유입되어 다시 토양으로 유출되는 부분에서 심한 부식이 발생한다.

3.4.2 토양부식에 영향을 미치는 인자와 그 작용

토양부식에 영향을 미치는 인자로는 토양조성 함수비, 통기성, pH, 용해성분, 박테리아의 활동도 및 저항률 등이 있다. 이들 각각의 인자는 다른 인자와 서로 상관하고 있는 경우가 많다.

예를 들면 함수비가 높아지면 저항률은 떨어지고, 통기성이 불량할 경우 특정 종류의 박테리아 활동이 활발해진다.

1) 토질

토양은 육지의 가장 표층부를 차지하며, 암석의 풍화물을 주체로 여기에 약간의 유기물이 혼합된 물질이다.

(1) 토양의 분류

토양은 모암의 종류, 풍화작용을 좌우하는 기상조건, 퇴적물의 생성과정 등 장소에 따라 그리고 층에 따라 그 성질이 달라진다. 토양은 토양입자의 직경에 따라 자갈, 모래, 실트 및 점토로 대별된다. 그림 3-36은 일본에서 토양의 입자 크기에 의한 토양분류이며, 표 3-11은 모래, 실트 및 점토의 혼합비율을 삼각좌표로 분류하여 혼합물에 명칭을 붙인 것이다. 토양의 현장식별 방법을 표 3-12에 나타냈다. 일반적으로 토양은 분리된 개개의 입자보다도 유기질 및 무기질의 콜로이드상태 물질을 포함한 입자의 덩어리로 구성되며, 이 덩어리의 경도, 투수성, 통기성 또는 미생물의 활동 정도 등이 토양의 성질을 좌우한다.

주 1) 토질재료의 입경 구분(粒經區分)에 의한 입자명을 의미할 때는 상기 구분명에 [입자(粒子)]라는 단어를 붙이며, 위의 입경 구분 폭의 구성을 의미할 경우는 상기 구분명에 [분(分)]이라는 단어를 붙여 분류명, 토질명으로 한다.

주 2) 토질재료 74μm 이하의 구성 성분을 세립분(細粒分), 74μm ~75mm까지의 구성 성분은 조립분(組粒分)이라 한다.

그림 3-36. 토양의 입경 구분과 명칭

표 3-11. 토양의 삼각좌표분류

토질	백분율		
	모래	실트	점토
점토	0~55	0~55	30~100
사질점토	55~70	0~15	30~45
실트질 점토	0~15	55~70	30~45
사질점토	50~80	0~30	20~30
점토질	20~50	20~50	20~30
실트질 점토	0~30	50~80	20~30
모래	80~100	0~50	0~20
사질	50~80	0~50	0~20
롬	20~50	30~50	0~20
실트질	0~50	50~100	0~20

(2) 토양의 물성

토양은 흙입자(고체), 물(액체), 공기(기체)로 구성되며, 3가지 요소가 차지하는 비율에 따라 토양의 성질이 변한다. 토양의 전체 체적 내에서 흙입자 이외의 부분을 극간이라 한다.

㉠ 토양의 밀도

토양의 밀도란 단위체적당 질량을 말한다. 질량으로서 흙입자와 극간 중의 물, 두 가지만을 생각하는 경우를 습윤밀도라 한다.

㉡ 토양의 극간비 및 극간율

극간비는 극간체적과 흙입자의 체적비로 나타내며, 극간율은 극간체적과 토양(흙덩어리) 전체 체적비의 백분율로 나타낸다.

$$극간비 = \frac{극간체적}{흙입자의\ 체적}$$

$$극간율 = \frac{극간체적}{흙덩어리의\ 체적} \times 100$$

㉢ 토양의 함수비

토양의 함수량은 100℃의 건조로에서 습윤 토중으로부터 제거되는 물의 양을 가리키며, 함수비로 나타낸다.

$$함수비(\%) = \frac{물의\ 질량}{흙입자의\ 질량} \times 100$$

㉣ 토양의 포화도

포화도는 토양의 극간 중 물이 차지하는 비율을 말한다.

$$포화도(\%) = \frac{물의\ 체적}{극간체적} \times 100$$

표 3-12. 현장에 있어서의 토양식별방법

토양의 명칭	토양입자의 느낌 및 토양의 일반적 의견
모래	각 입자가 육안으로 하나하나 보인다. 건조상태에서는 사각사각하다.
사질	입자를 대체로 알 수 있는 정도의 토양으로 어느 정도 점성이 있으며, 실트분과 점토분을 포함하고 있다.(모래로서의 성질이 우세함)
롬	(모래, 실트, 점토의 각 성분이 균등하게 혼합된 것) 모래의 입도는 거친 입자로부터 가는 입자까지 균등하게 포함되어 있다. 어느 정도 사각사각한 느낌이 들지만, 상당히 매끈하다.
실트질	(적당한 세사분을 포함하며, 점토분 및 기타 성분을 소량 포함) 입자의 반 이상은 실트이다. 건조되면 쉽게 부서져 가루가 될 것 같은 덩어리로 보인다.
실트	(80% 이상이 실트 입자 중에 극히 소량의 모래 성분과 점토분을 포함) 건조하면 덩어리상태가 되며, 쉽게 밀가루 같은 부드러운 느낌의 가루가 된다.
점토질	감촉이 곱고, 건조하면 잘 부서지지 않는 흙덩어리가 된다. 실트질보다 많은 점토분을 포함하며, 건조하면 점토와 유사하지만 습한 토양의 물리적 성질로 식별한다.
점토	감촉이 매우 고운 흙, 건조하면 아주 딱딱해 잘 부서지지 않는 덩어리가 된다. 건조되면 가루상태로 분쇄하기 어렵다. 습한 상태에서 끈적한 성질로 구별한다.

Check point!

토양부식에 영향을 미치는 인자로는 토양조성 함수비, 통기성, PH, 용해성분, 박테리아의 활동도 및 저항률 등이 있으며 각각의 인자는 다른 인자와 서로 상관하고 있는 경우가 많다.

(3) 수분

토양 부식은 수분의 존재하에서만 진행되며, 완전히 건조된 토양 중에서는 발생하지 않는다. 그러므로 통상 함수량이 증가하면 부식도 증가한다. 그러나 토양이 수중에 포화되어 있으면 산소의 확산이 제한되므로 그 부식성은 감소한다. 토양의 함수량은 강우, 강설, 일조 및 기타 기상조건에 의해 변하는데, 이 변화는 토중 금속체의 부식 속도에 영향을 미친다. 토중에 포함된 물에는 다음과 같은 종류가 있다.

㉠ 자유지하수(free ground water) : 지하수면 하에 항상 존재하며 자유수면을 갖는 물
㉡ 중력수(gravitational water) : 토양에 정착하지 못하고 중력의 지배 하에 토양입자의 극간을 통해 이동하는 물
㉢ 모관수(capillary water) : 토양 주위나 극간에 표면 장력으로 인해 유지되고 있는 물
㉣ 흡착수(hygroscopic water) : 토양입자 표면에 흡착해 있는 물

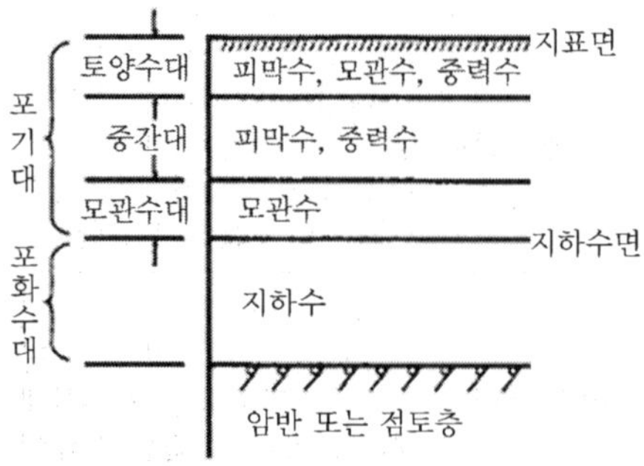

그림 3-37. 지하수 분포

지하의 지하수 분포는 그림 3-37과 같이 포화수대와 포기대의 두 영역으로 나뉜다. 포기대는 공기와 물이 일부분 공존해 있는 곳으로 지하수면과 지표면 사이에 존재한다. 포화수대는 지하수면 이하의 부분을 가리키며, 모든 토양입자의 극간은 충만되어 있다. 포기대의 토양은 호우가 지표면으로부터 침투하는 경우 외에는 포화치보다 작은 함수량을 나타낸다. 포기대의 물은 포화수대의 물에 비해 용존산소량이 많으므로 단일 지대 내에서는 매설강재의 부식량이 크지만 강재가 양 지대를 통과하고 있는 경우는 통기차 전지를 구성하여 포화수대에 접해 있는 부분의 부식이 촉진된다.

토양부식성의 기준으로서 여러 연구자들이 토양저항률을 이용하고 있는데, 표 3-13은 그 한 예이다. 그러나 실제 토양에서는 여러 가지 다른 요인의 영향으로 부식의 크기와 함수비 혹은 토양저항률에 직접적인 관계를 보이지 않는 경우도 많다.

표 3-13. 토양의 부식성과 저항률과의 관계

부식성	저항률($\Omega \cdot$ cm)
매우 크다	<500
크다	500~1,000
중간	1,000~2,000
작다	2,000~10,000
매우 작다	>10,000

(4) 통기성

산소는 토양 중의 금속 부식에 있어 중요한 인자로 흙입자의 틈을 통해 공급된다. 틈을 차지하는 것은 물과 공기이며, 산소는 물에 녹은 상태(용존산소)에서 부식작용을 한다. 통기성은 주로 토양의 조성과 함수비에 의해 지배되는데, 함수비가 지나치게 높으면 공기의 공급이 불충분해진다. 점토분이 많은 치밀한 토양이나 습윤토양에서는 통기성이 나빠 산소 함유량이 작다. 산소함유량이 작으면 금속의 초기 부식 속도는 작지만, 이러한 조건에서 보호피막을 형성하기 어렵기 때문에 장기적으로는 금속 표면에 공식이 발생하기 쉽다. 표층부에 가까운 토양 중의 공기는 지상의 대기에 비해 탄산가스량은 많지만(10~100배) 산소량은 거의 일정하여 5m 이상 깊이의 토양 중에도 상당량의 산소가 포함되어 있을 것으로 예상된다. 유리탄산은 납에 작용하여 염기성 탄 산납을 형성하므로 방식성을 나타낸다.

(5) pH와 산도

일반적으로 pH 4 이하의 강산성 토양에서는 부식이 심한 것으로 알려져 있지만, 실제로 pH만으로 부식성을 결정할 수는 없다. pH가 낮은 토양은 매크로(macro) 부식을 촉진하기 쉬운 것으로 추정된다. 보통의 토양은 pH 5.0~8.0의 범위에 있다.

Check point!

황산염 환원박테리아는 수소 및 유기물의 존재하에서 무기의 황산염을 쉽게 황화물로 환원한다.

(6) 수용해성분

토양에 포함된 가장 보편적인 양이온은 K^+, Na^+, Mg^{2+} 및 Ca^{2+}이며, 염류의 존재는 부식전지회로의 저항을 낮춰 부식 속도를 증가시킨다. 그러므로 염화물이나 황산염은 금속 표면의 보호피막을 파괴하므로 유해하다. 철강 부식에 대해 가용성 규산염이나 인산염은 보호성이 있으며, 황산염은 납의 표면에 보호피막을 형성, 부식을 억제한다.

(7) 박테리아 작용

금속체의 부식은 토양 중에 생식하는 박테리아에 의해 현저하게 촉진되는 경우가 있다. 수중에서 철의 기본적인 부식반응은

$$2Fe + O_2 + 2H_2O \rightarrow 2Fe(OH)_2$$

인데, 산소가 공급되는 환경에서는 철의 산화에너지를 이용해 생식하고 있는 철박테리아(호기성 박테리아)가 $Fe(OH)_2$를 산화하여 $Fe(OH)_3$로 변화시켜 녹혹이나 슬라임을 생성함으로써 산소농담 전지를 형성하는 원인이 된다. 미생물의 대사생성물에 의해 금속부식이 발생하는 예로서 우선 유황박테리아에 의한 부식을 들 수 있다. 이 박테리아는 수중의 황화수소(H_2S)나 티오황산염($M_2S_2O_3$) 또는 유황(S)을 산화시켜 황산을 형성할 때 발생하는 에너지를 이용해 생식하고 있는데, 이때 생성되는 황산에 의해 부식은 현저히 촉진된다.

$$2H_2S + O_2 \rightarrow 2H_2O + S_2 + 122Kcal$$

$$S_2 + 3O_2 + 2H_2O \rightarrow 2H_2SO_4 + 282Kcal$$

두 번째로는 황산염 환원박테리아에 의한 부식이다. 황산염 환원박테리아는 수소 및 유기물의 존재하에서 무기의 황산염을 쉽게 황화물로 환원하는데,

Check point!

토양 구성은 흙입자(고체), 물(액체), 공기(기체)이며, 3가지 요소가 차지하는 비율에 따라 토양의 성질이 변한다.

통상 이 과정에서 박테리아는 철 표면에 흡착되어 있는 수소를 이용하는 것으로 생각된다. 1당량의 수소원자가 소비될 때마다 1당량의 Fe^{2+}가 용출해 녹과 FeS를 생성한다. 따라서 박테리아는 사실상 복극제(depolarizer)로서 작용하는 것으로 생각된다. 이 반응과정의 개요는 다음과 같이 나타낼 수 있다.

애노드 : $4Fe \rightarrow 4Fe^{2+} + 8e^{-}$

캐소드 : $8H_2O \rightarrow 8H(\text{Fe에 흡착}) + 8OH^{-} - 8e^{-}$

$8H(\text{흡착}) + Na_2SO^{4-} \rightarrow 4H_2O + Na_2S$

$Na_2S + 2H_2CO_3 \rightarrow 2NaHCO_3 + H_2S$

전반응 : $4Fe + 2H_2O + Na_2SO_4 + 2H_2CO_3$

$\rightarrow 3Fe(OH)_2 + FeS + 2Na_2HCO_3$

2) 매크로 부식의 양향 인자

매크로(Macro) 부식전지란 애노드부와 캐소드부의 확실한 구별이 가능하며, 그 위치가 고정되어 있는 부식전지로, 이종금속이 접촉해 구성하는 전지나 통기차전지 등이 여기에 해당된다. 토양은 원래 대부분이 불균질상태로 매설배관과 같이 토양을 굴삭하여 매설할 경우 토양과 배관의 접촉 부분에 따라 비저항과 산소농도가 달라 매크로 부식 전지를 형성하기 쉽다. 또한 매크로 부식 전지의 애노드로부터 전류가 유출할 경우 토양이 불균일하면 전류의 유출이 불균일해져 전류밀도가 높은 부분에서 공식이 발생한다. 그리고 이러한 부분에서는 안정된 부식생성물의 생성이 불가능하여 부식전류는 점점 공식부에 집중하므로 공식의 깊이는 더욱 깊어진다. 토양환경에서의 부식원인으로는 농담전지 작용, 이종금속 접촉, 건물 기초와의 접촉 등이 있으며, 이들의 영향은 다음과 같다.

Check point!

매크로(Macro) 부식전지란 애노드부와 캐소드부의 확실한 구별이 가능하며, 그 위치가 고정되어 있는 부식전지이다.

(1) 농담전지 작용

농담전지에는 염농담전지와 산소농담전지가 있으며, 토양 중에서 문제되는 것은 산소농담전지, 즉 통기차전지의 작용이다.

토양 중 매설되는 강재에는 각종 배관류(강재 파일) 등이 있으며, 이들이 상이한 토질에 걸쳐 설치될 경우 통기차전지를 구성하여 산소 부족부에서 부식을 일으키므로 주의해야 한다. 토양이 비교적 균일해도 깊이가 깊어짐에 따라 공기(산소) 공급이 적어지므로 지표에 가까운 부분과의 사이에 산소농도차가 발생한다.

따라서 수직으로 설치한 강구조물이나 강관의 경우 깊은 부분에 국부부식이 집중하는 경우가 있다.

사질토양처럼 통기가 양호한 토양과 점토질토양처럼 통기성이 불량한 토양을 가로질러 배관이 매설되면 통기성이 나쁜 토양과 접해 있는 강관 표면에서 부식이 발생한다.

지중에 매설된 강관의 위쪽 반은 건조하여 통기성이 좋은 반면, 하반부 반은 지하수 등으로 인해 상대적으로 습한 상태이기 때문에 강관 하반부에 국부부식이 집중된다. 만약 지중에 매설된 강관의 지표부가 도로나 주차장, 현관 등 콘크리트 등으로 포장되어 있을 경우 이 부분은 공기의 공급이 방해를 받아 통기차에 의한 부식구조를 형성하면서 국부부식을 발생하게 된다.

(2) 이종금속 접촉

강관보다 전위가 높은 금속이 연결되어 있으면 전지작용에 의해 강관이 단독으로 존재하는 경우보다 부식이 촉진된다.

이러한 부식작용은 강관이 단독으로 존재한 경우라도 밀 스케일(mill scale)이 존재하는 면과 나관상태의 표면 또는 안정된 산화피막을 형성한 구관과 신관이 연결된 경우에 이종금속 접촉과 같은 구조의 부식이 각각 나관 표면과 신관에서 발생한다. 또한 강관의 연결작업 시 공구에 의한 표면 파괴부, 가공에 따른 표면 노출부 등도 비파괴부에 비해 애노드로 작용하여 부식이 촉진된다.

(3) 건물 기초와의 접촉 작용

매설관이 건물로 인입되는 곳에서 건물의 기초 철근과 직접 또는 간접적인 접촉을 할 경우 콘크리트 중의 철근은 전위가 높고, 이에 비해 매설관은 전위가 낮으므로 매설관의 부식이 촉진된다. 건물의 기초 철근은 그 표면적이 매설배관에 비해 넓기 때문에 배관의 부식은 심하게 일어난다. 특히 도복장을 실시한 배관의 경우, 도복장에 결함부가 존재하면 애노드의 면적이 한정되므로 이 부분에서 부식은 더욱 격렬해진다.

이 경우는 캐소드 면적에 비해 애노드 면적 비율이 커짐으로써 애노드의 부식속도가 커지는 것과 같은 이유이다.

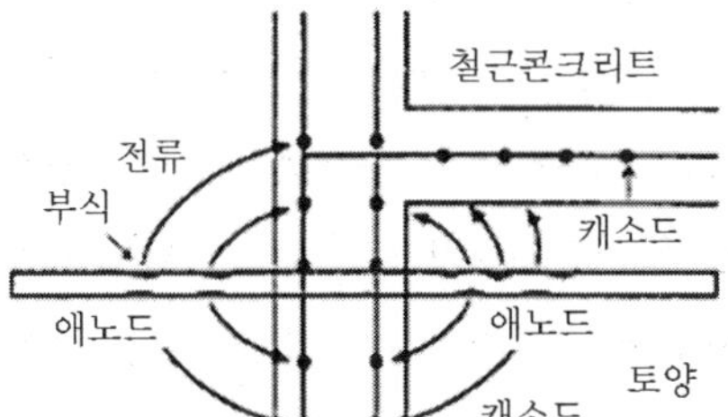

그림 3-38. 철근콘크리트와의 접촉에 의한 매설배관의 부식

> **Check point!**
> 미주전류란 의도된 회로 이외의 경로를 흐르는 전류로서, 이 전류가 파이프라인 등의 매설된 배관에 유입되면 배관으로부터 다시 지중으로 전류가 유출되는 부분에서 심한 부식(애노드 반응)이 발생한다.

3) 미주전류 작용

미주전류란 의도된 회로 이외의 경로를 흐르는 전류로, 이 전류가 파이프라인 등의 매설배관에 유입되면 배관으로부터 다시 지중으로 전류가 유출되는 부분에서 심한 부식(애노드 반응)이 발생한다.

3.4.3 각종 금속재료의 토양부식

토양 중에서 각종 금속재료에 관한 부식 자료의 대부분은 NBS(National Bureau of Standards 미국 표준국, 현재 National Institute of Standards and Technology ; NIST)에서 실시한 시험결과에 의존하고 있다.

이 시험은 시험재료를 매설하여 실시한 것으로 이종금속이나 기타 구조물과의 접촉이 없는 경우의 금속 자체에 대한 부식 특성을 나타내고 있다. 또한 통기차 부식의 영향도 포함되어 있는데, 이에 의한 침식도 장거리 매설배관에서는 확률적으로 좀 더 깊어질 수 있다.

NBS의 자료에 의하면 일정 토양에서의 부식도는 철강의 종류에 따른 차이는 거의 없다. 통기차에 의한 국부 부식은 0.058~0.3mm/y로, 평균 0.145mm/y 정도의 침식도를 나타낸다. 동의 평균 부식도는 철강의 1/6 정도인데, 공식현상은 그다지 현저하지 않으며, 가장 깊은 것이 0.15mm/y 이하였다. 납의 경우도 평균적으로 철강에 비해 부식은 적지만 통기성이 불량한 토양 및 유기산의 함유량이 높은 토양에서는 국부부식이 평균치의 4.6배에 달하는 경우도 있다.

알루미늄도 토질에 따라 그 부식성이 크게 변하므로 주의하지 않으면 안 된다.

3.4.4 토양의 부식성 평가

1) DIN의 평가지수

DIN에 의한 토양의 부식성 평가방법을 표 3-14에 나타냈다. 이 표에 의해 각 평가항목의 측정치로부터 평점을 산출하여 그 값을 표 3-14~표 3-17과 대조시켜 토양의 부식성을 판정할 수 있다. 이때 매크로 부식의 형태에 따라 평가방법이 다른 점에 주의해야 한다.

2) pH와 수가용성분

지중매설 금속의 부식에 커다란 영향을 미치는 pH 및 수가용성분을 구하기 위해 매설지의 토양시료에 대해 다음과 같은 분석이 실시되고 있다. 우선 토양을 바람으로 건조시킨 다음 시료 100g에 대해 증류수 250mℓ의 비율로 혼합하여 3~18시간 후에 여과시켜 여과액의 pH와 염류를 JIS K0101(공업용수시험방법)에 의해 분석한다.

3) 토양의 산화환원전위

황산염 환원박테리아는 혐기성으로 강한 환원성 상태, 즉 레독스(Redox) 전위가 낮은 상태에서 활동한다. 따라서 황산염 환원박테리아의 활동 정도를 조사하기 위해 레독스전위(산화환원전위) 조사가 실시된다.

4) 토양저항률

토양저항률 측정에는 대지저항률 측정기에 의한 4전극법과 토양측정봉을 이용한 간이측정법이 실용되고 있는데, 전자는 평균적인 값을, 후자는 국지적인 값을 측정하는 데 이용된다.

표 3-14. 토양시료에 의한 부식성의 판정

B_0	부식성	침식도(mm/y)	
		평균	최대
≥0	비부식성	0.005	0.03
−1~−4	약부식성	0.01	0.05
−5~−10	부식성	0.02	0.2
<−10	강부식성	0.06	0.4

※ $B_0 = Z_1 + Z_2 + Z_3 + Z_4 + Z_5 + Z_6 + Z_7 + Z_8 + Z_9$

표 3-15. 광범위한 농담전지작용을 수반할 경우의 부식률 판정

B_0	부식확률	
	공식	전면부식
≥0	아주 낮다	아주 낮다
−1~−4	낮다	아주 낮다
−5~−10	중간 정도	낮다
<−10	높다	높다

※ $B_1 = B_0 + Z_{10} + Z_{11}$

표 3-16. 통기차전지의 애노드 및 캐소드 영향의 판정

애노드의 B_A	캐소드의 B_K	애노드 및 캐소드적 영향
≥0	<−4	없음
−1~−4	−4~−1	약함
−5~−8	0~4	강함
<−8	>4	아주 강함

※ ① $B_A = Z_1 + Z_2 + Z_4 + Z_5 + Z_6 + Z_7 + Z_8$
② $B_k = Z_1 - Z_2 + Z_4 + Z_5 + Z_6$

표 3-17. 외부캐소드와 전지를 형성할 경우의 부식률 추정

B_E	부식확률		침식도(mm/y)	
	공식	전면 부식	평균	최대
≥0	낮다	아주 낮다	0.01	0.05
−1~−4	중간 정도	아주 낮다	0.02	0.1
−5~−8	높다	중간 정도	0.05	0.3
<−8	아주높다	크다	0.2	1

※ $B_E = B_A + Z_{12}$

표 3-18. 토양의 평가항목과 평점

항 목	측정치, 특성	평점
토양시험 평가		
토질점착성 : 세정분리 가능한 성분의 비율(%)		
		Z_1
	≤10	+4
	10~30	+2
	30~50	0
	50~80	−2
	>80	−4
토란토, 진흙, 습지토, 유기질 탄소(%)	>5	−12
오염이 심한 흙		−12
토양저항률 ($\Omega \cdot cm$)		Z_2
	>50,000	+4
	20,000~50,000	+2
	5,000~20,000	0
	2,000~5,000	−2
	1,000~2,000	−4
	<1,000	−6
함수비 (%)		Z_3
	≤20	0
	>20	−1
pH		Z_4
	>9	+2
	5.5~9	0
	4~5.9	−1
	<4	−3
완충능력 pH 4.3 알칼리도 (m mol/kg)		Z_5
	<200	0
	200~1,000	+1
	>1,000	+3
pH 7.0 산도 (m mol/kg)	<2.5	0
	2.5~5	−2
	5~10	−4
	10~20	−6
	20~30	−8
	>30	−10
황화물(SO_4^{2-}) (mg/kg)		Z_6
	<5	0
	5~10	−3
	>10	−6
중성염(물추출)		Z_7
	<3	0
	3~10	−1
	10~30	−2
	30~100	−3
	>100	−4
황산염(염산추출)		Z_8
	<2	0
	2~5	−1
	5~10	−2
	>10	−3

① 토양의 점착성은 세정분리 가능분의 함유율이다. 이 값은 토양의 통기성을 나타낸다. 세정분리 가능성분이란, 일정 유속으로 세정하여 소정의 용기로부터 흘러나오는 물이 투명하게 될 때까지 분리되는 것으로, 입도 0.06mm 이하의 점토질 실트분을 말한다.

② Ⅰ(b)항의 측정 : 약 100kg의 건조토양에 약 18%의 염산 200mℓ를 첨가하여 증발 · 건조시킨 후, 희염산 100mℓ로 용해하여 여과한다. 잔여분을 약 105℃에서 건조분쇄시켜 일정량을 산소기류 중에서 약 1,200℃로 가열한다. CO_2 발생량을 측정하여 탄소의 질량(%)으로 나타낸다.

③ Ⅰ항과 Ⅱ항에 의해 평가할 경우, 각각 1개의 가장 낮은 평점을 이용한다.

④ 분석치는 105℃에서 1시간 건조한 토양에 대한 값으로 한다.

⑤ 7항의 측정 : 약 250g의 토양에 탈이온수 1ℓ 를 첨가해 수중의 Cl^-와 SO_4^{2-}를 정량한다. 8항의 측정 : 약 10g의 토양을 20% 염산 50mℓ과 반응시켜 액 중의 SO_4^{2-}를 정량한다.

4전극법은 2개의 금속전극(접지봉)과 2개의 조합전극을 일직선상에 같은 간격으로 지표에 설치하고 양끝의 금속전극 사이에 정전류를 공급하여 조합전극 간의 전위차를 구한다. 토양이 균일한 경우 평균적인 저항률을 구할 수 있다.

토양봉측정법의 구조는 약 1m의 6각 철기둥 끝에 절연물을 삽입하여 철전극을 부착한 T자형의 봉과 측정기(교류 브릿지)로 구성되어 있다. 6각기둥 내에는 봉 끝의 철전극 및 철기둥으로부터 각각 리드션이 봉의 헤드(head)까지 이어져 측정기에 연결되어 있다.

저항률 측정시, 측정봉을 측정하고자 하는 토 중에 약 30cm 정도 삽입한 후 측정기의 다이얼을 돌려 신호음이 없는 지점의 눈금(R)을 읽는다.

봉 끝(철전극)과 철기둥 간의 저항은 양극의 접지저항과 토양의 저항률에 관계하는데, 양극의 접지저항을 고려한 토양계수(K)를 이용하여 다음 식으로 토양저항률(p)을 구한다.

$$\text{토양저항률} \quad p(\Omega \times \mathrm{cm}) = K \times R(\Omega)$$

5) 관대지전위(P/S)

관대지전위란 토양에 매설된 금속이 나타내는 전위이다. 이 전위를 측정함으로써 매설관의 부식원인인 미주전류 및 전지작용의 유무, 전류의 유출입 지점, 매설관의 부식상황 등을 추정할 수 있다. 매설강재의 부식조사에 있어 관대지전위의 측정은 매우 중요한 요소이다. 관대지전위의 측정에는 고감도전위기록계를 이용하여 매설관과 비교전극(포화황산동전극) 간의 전위를 경시적으로 측정한다.

6) 지표면전위구배(S/S)

미주전류의 영향을 조사하기 위한 것으로 고감도전위기록계를 이용하여 비교전극 2개를 5~20m의 간격으로 지상에 설치해 필요시 전극 간의 전위면화를 연속적으로 측정한다. 예를 들어 고감도전위기록계에 +200mV의 전위차가 표시된다면 이는 2개의 비교전극 +극에서 −극 방향으로 흐르는 전류가 존재하고 대지저항에 의해 200mV의 IR 저하(IR drop)가 있다는 것을 의미한다. 동일 지점에서 이 값이 클수록 흐르는 전류는 크다.

3.4.5 토양부식 경감

매설된 강재의 부식은 토양, 전해질 성분, 물의 존재하에서 강재 표면의 애노드반응과 캐소드반응이 대응해 일어나므로 방식의 기본은 이러한 반응이 일어나지 않도록 하는 것이다.

① 내식성 재료 사용(스테인리스강)

② 강재 표면을 전해액으로부터 차단(도복장)

③ 애노드반응의 진행을 전기화학적으로 저지 (전기방식)

④ 애노드부와 캐소드부 차단 (절연 건물기초와 매설배관을 전기적으로 절연)

토양 중의 금속체 부식 중 부식이 균일하고, 부식도가 비교적 작은 마이크로 부식에 대해서는 실제로 강재의 두께를 부식 여분만큼 증가시킴으로써 해결할 수 있지만, 국소적인 침식도가 큰 매크로 부식에 대해서는 이러한 방법이 불가능하므로 매크로 전지 작용을 해소시킬 필요가 있다.

1) 내식재료

소규모 지중매설 배관에는 아연도금강관이 널리 사용되어 왔는데, 최근 들어 토양오염이 문제시되면서 내식성이 강한 스테인리스강관을 수도배관으로 사용한다.

2) 도복장

도복장은 주로 지중에 매설되는 철강구조물을 비교적 두꺼운 피막을 이용해 부식환경으로부터 차단함으로써 방식하는 방법이다.

도복장에는 ① 라이닝강관(lining steel pipe), ② 페트로라튬계 방식테이프(petrolatum tape), ③ 역청질계 도복장이 있다.

> **Check point!**
> 도복장에는
> ① 라이닝강관
> ② 페트로라튬계 방식테이프
> ③ 역청질계 도복장이 있다.

(1) 라이닝강관(lining steel pipe)

합성수지의 성능이 향상되면서 이것을 방식용으로 적용한 각종 라이닝(lining)강관이 개발되어 토양환경에서의 사용을 목적으로 다음과 같은 것이 규격화되어 있는데, 건물 기초와 접촉해 있을 경우 라이닝의 결함부에서 심한 부식이 발생하므로 라이닝강관의 사용 시,

· JIS G 3469 폴리에틸렌 피복강관
· JWWA K 116 수도용 경질염화비닐라이닝강관
· JWWA K 132 수도용 폴리에틸렌 분체라이닝강관
· WSP 041 소화용 경질염화비닐 외면피복강관
· WSP 044 소화용 폴리에틸렌 외면피복강관
· WSP 041 배수용 타르에폭시 도장강관
· WSP 041 배수용 염화비닐라이닝강관

그림 3-39. 라이닝강관

이들 라이닝강관을 사용할 경우, 건물 기초에서부터 완전하게 절연함과 동시에 연결부를 충분히 피복하지 않으면 그 부분에서 부식이 발생할 우려가 있다. 볼트·너트로 연결할 경우 연결부도 라이닝으로 절연해야 한다. 또한 나사부나 조립공구에 의한 손상으로 공식이 발생할 위험이 있으므로 페트로라튬계 방식테이프를 피복하는 등의 세심한 주의가 필요하다. 용접이음의 경우는 용접 부분을 현지에서 충분히 피복하는 것이 중요하며, 폴리에틸렌 피복강관

의 경우는 원통형의 열수축관을 덮어 토치로 밀착시키기도 한다.

(2) 페트로라튬계 방식테이프

페트로라튬계 방식테이프는 JIS Z 1902(페트로라튬계 방식테이프)에 「얇고 유연한 천에 감압증류잔사유로부터 분리 · 정제한 왁스를 도포한 것」이라고 규정한다.

(3) 역청질계 도복장

· JIS G 3491(수도용 강관 아스팔트 도복장)
· JIS G 3492(수도용 강관 콜타르 에나멜 도복장)

3) 전기방식

전기방식법에는 ① 외부전원방식, ② 유전양극방식이 있으며, 전철로부터의 미주전류에 의한 전식을 방지하기 위한 방법으로는 ③ 선택배류법, ④ 강제배류법이 있다.

4) 절연

지중매설 강관이 건물 기초 철근에 접촉하면 강관의 방식피복 결함부에 심한 공식이 발생할 위험이 있다. 건물 기초와 배관을 전기적으로 절연하는 방법으로서 절연계수, 절연 슬리브(sleeve)에 의한 방법이 사용되고 있는데, 원칙적으로는 토중 부분에서는 절연 슬리브(sleeve)의 방법이, 배관이 지표나 실내에 설치된 경우에는 절연계수의 방법이 많이 이용된다.

4. 열화진단의 개요

4장에서는 콘크리트의 내구성 평가를 위한 진단 방법에 대하여 살펴보고, 염해, 중성화, 동해, 화학적 침식 등에 의한 내구성 진단절차를 알아본다.

4.1 열화진단의 개요

4.1.1 열화진단과 관련한 용어 정의

콘크리트의 내구성을 평가하기 위해서는 콘크리트에 발생한 성능저하의 다양한 형태를 충분히 이해하고, 합리적인 용어로 표현할 수 있어야 한다. 또한 콘크리트의 열화진단과 관련한 현상을 이론적으로 해석하기 위해서는 관련 이론 및 기술 분야의 전문용어 도입이 필요하므로 이에 대한 명확한 정의와 범위를 확정해야 한다.

- 내구성 : 콘크리트가 설계조건하에서 시간경과에 따라 성능저하가 적고, 소요기간 중 요구되는 성능의 수준을 지속시킬 수 있는 성질
- 내구성능 : 기존 구조물 또는 부재의 성능저하 상황을 일정한 기법을 이용하여 조사하고, 그 결과를 평가하는 것
- 내구년한 : 구조물 또는 부재를 보수하지 않고 사용할 수 있는 기간
- 누수 : 물이 존재하는 환경하에서는 물이 부재단면을 투과하여 베어 나오거나 또는 부재 내부 및 부재 사이의 간극 부분(콘크리트부재 내부에 발생한 균열, 부재 사이의 기송이음, 접합부 등)을 통해 물이 누출되는 현상
- 동해 : 콘크리트 중의 수분이 동결융해를 일으켜 균열이 발생하거나 표층이 박리하여 표층으로부

터 점차 성능저하가 이루어지는 현상

- 박리 : 콘크리트 중의 일부 재료가 철근 부식 등에 의하여 콘크리트 구조물 또는 부재의 표면이 분리되어 떨어지는 현상
- 박락 : 콘크리트 중의 일부 재료가 구조물 또는 부재 층 사이에 박리가 생겨 파손되는 현상
- 보강 : 구조물 또는 부재의 안전성, 기능 및 사용성 등의 향상을 위하여 내력을 증진시킬 목적으로 실시하는 조치
- 보수 : 구조물 또는 부재의 내구성 확보와 사용성 개선을 위하여 내력 이외의 기능을 원상회복시킬 목적으로 실시하는 조치
- 성능저하 요인 : 구조물 또는 부재에 작용하여 성능저하를 일으키는 인자. 예를 들면 유류, 산, 알칼리, 염류 및 해수 작용 등
- 성능저하 정도 : 물리 · 화학 및 생물학적 요인에 의하여 구조물 또는 부재의 성능이 저하되는 정도를 나타내는 지표
- 성능저하 현상 : 성능저하 요인에 의하여 구조물 또는 부재의 성능이 저하함에 따라 외관적으로 보이는 증상
- 손상 : 구조물 또는 부재에 발생된 기능 및 성능저하로 인하여 경우에 따라서는 보수 또는 보강이 요망되는 상태, 예를 들면 박리, 박락, 백화 및 철근노출 등 콘크리트 구조물 또는 부재의 성능저하 및 파손된 상태
- 응급 처치 : 1차 내구성 또는 2차 내구성 진단을 실시한 결과에 의하여 안전상 실시하는 긴급한 조치
- 잔존 내구년한 : 진단을 실시한 시점으로부터 구조물 또는 부재를 보수하지 않고 사용할 수 있는 기간

> **Check point!**
>
> **콘크리트구조물의 내구성 평가**
>
> ① 외관조사 및 비파괴검사
>
> ② 상세 육안조사와 내구성 시험
>
> ③ 성능저하 원인별 보수범위와 깊이 결정

- 철근 부식 : 콘크리트의 중성화, 균열 및 유해이온 등에 의하여 철근에 녹이 생기는 현상
- 콘크리트의 강도 저하 : 콘크리트 구조물 또는 부재가 재료, 사용환경, 화학작용 및 피로 등에 의하여 콘크리트 원래의 강도를 유지하지 못하는 현상
- 콘크리트의 중성화 : 콘크리트가 공기 중의 탄산가스 및 수중에 존재하는 탄산이온, 산성가스 또는 염류의 작용 등에 의하여 알칼리성을 상실하는 현상
- 탈락 : 콘크리트 중의 일부 재료가 구조물 또는 부재의 표면으로부터 분리되어 나가거나 박리가 생겨 파손되는 현상
- 팝아웃(pop-out) : 콘크리트 중의 골재가 동결이나 알칼리골재반응 등에 의하여 팽창하면서 갈라져 떨어지거나 또는 골재 주위의 모르타르를 융기시키는 현상
- 표면 성능저하 : 콘크리트 표면이 동해, 마모, 중성화, 균열, 유해이온 및 화학침식작용 등에 의하여 팝아웃, 박리 및 박락과 같은 표면 손상을 일으키는 현상

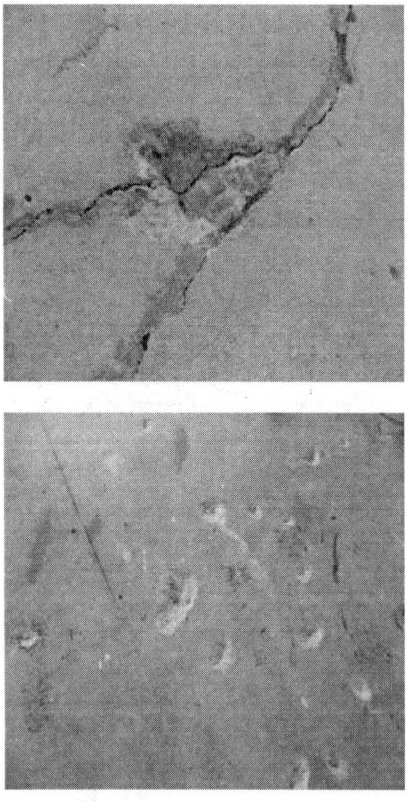

그림 4-1. 팝아웃 현상

4.1.2 내구성 진단절차

본 연구에서는 효율적이고 합리적인 진단의 수행과 그 절차에 대한 이온적 개념의 정립을 위하여 진단수행의 절차를 크게 1차, 2차, 3차 진단으로 구분하고, 각각의 진단수행 내용과 방법을 설정한다. 이러한 구분은 기존 국내의 콘크리트 구조물의 내구성 평가와 관련하여 합리적인 진단수행이 이루어지지 않은 상태에서 과거의 경험과 주관적 판단을 바탕으로 한 진단의 수립을 토대로 합리적인 진단수행계획의

수립 및 평가의 자료로 활용된다.

아울러 이러한 진단수행의 절차는 콘크리트 구조물의 내수성 평가 결과에 대한 진단결과의 신뢰도 증진에 기여할 수 있을 것으로 판단된다. 콘크리트 구조물의 내구성 평가는 모두 3단계로 나뉜다. 첫 번째 단계는 일반적으로 구조물의 정기점검 시 행해지는 외관조사 및 비파괴검사를 중심으로 구성되며, 이들의 결과를 토대로 성능저하 형태를 추정한다. 두 번째 단계는 추정된 성능저하 형태를 토대로 보다 정밀한 상세 육안조사와 내구성 관련 시험으로부터 구조물의 성능저하 등급을 설정하여 이 결과로부터 보수 또는 보강의 여부를 결정한다. 세 번째 단계는 보수를 전제로 성능저하 원인별로 보수의 범위와 깊이를 결정한다.

1) 외관조사 및 1차 내구성 진단

외관조사의 경우 균열, 박리, 탈락, 누수, 철근노출, 마모, 백화, 팝아웃, 골재분리 및 녹 흔적 등을 평가한다. 정기점검 시 이러한 성능저하 현상의 조기발견은 무엇보다 중요하며, 성능저하의 조기발견은 보수방법 선택 및 비용면에서 훨씬 유리하다. 외관조사시 추가로 진흙 및 먼지로 오염된 부분은 이들을 제거하여 부재 표면을 노출시킬 필요가 있고, 또는 보호층 등으로 피복된 부재는 보호층의 일부를 제거하여 부재 표면을 검사하는 것도 필요하다.

외관조사 및 1차 내구성 진단의 주요목적은 감춰진 결함 발견 및 의심되는 성능저하 원인을 분류하기 위해서이다. 1차 내구성 조사의 기본조사 항목으로는 반발경도, 초음파 등을 이용한 비파괴강도, 현장 중성화시험, 자연전위 측정, 철근탐사 및 균열조사 등을 실시한다.

추가로 진흙 및 먼지로 오염된 부분은 이들을 제거하여 부재 표면을 노출시킬 필요가 있고 또는 보호층 등으로 피복된 부재는 보호층의 일부를 제거하여 부재 표면을 검사하는 것도 필요하다. 구조부재의 약점부는 표면에 결함이 나타나지 않을 경우에는 슈미트해머를 이용하여 콘크리트강도를 조사하거나 또는 Pachometer, Covermeter를 이용하여 약점부의 콘크리트 피복 및 철근의 부식상태 등을 측정해 두면 좋다. 기본조사의 대상으로 중요한 것은 균열폭이 0.3mm 이상의 영역이다. 균열조사항목은 ① 균열위치, ② 방향, ③ 균열폭 등이다. 균열폭이 큰 경우에는 균열 내면의 상태도 관찰할 필요가 있다. 균열 및 박리에 의해 강재가 노출되어 있는 경우 녹의 정도 및 강재의 직경도 조사한다.

2) 2차 내구성 진단

2차 내구성 진단의 주요목적은 콘크리트구조물에 발생한 성능저하 및 손상의 구체적 원인을 규명하고, 보수 여부를 결정하기 위해 실시되는 조사로 예비조사, 정밀육안조사 및 성능저하 원인별로 코어시험편에 대하여 실시하는 실내 분석시험과 현장에서의 시험 등 세부 시험항목으로 이루어진다. 2차 내구성 진단에 필요한 시험방법은 추정되는 성능저하 원인별로 다르게 된다. 성능저하 신생속도의 예측은 코어시험편을 깊이별로 절단하여 각종 시험법 등을 적용하거나 직접 철근의 부식속도 등을 측정한 결과를 이용한다.

2차 내구성 진단이 구조물에 발생된 성능저하 또는 손상원인을 확인하기 위하여 실시되므로, 주로 코어시험편에 대한 실내 분석시험을 중심으로 1차 내구성 진단에서 추정된 성능저하 현상 확인 및 분류와 관련된 시험으로 2차 내구성 진단에 포함되는 항목은 코어강도 및 정탄성계수 측정, 중성화 깊이 측정, 경화한 콘크리트 염화물량의 정량, 콘크리트의 단위시멘트량 및 배합추정, XRD 및 SEM 분석 등을 기본으로 하고, 알칼리골재반응 관련시험, 동해 관련 시험 등 성능저하 원인별로 실시해야 할 시험항목이 다르며, 열중량법과 같은 정밀화학분석 등을 추가한다. 이외에 필요하다고 판단되는 시험항목 등을 포함한다.

3) 3차 내구성 진단

3차 내구성 진단의 주요목적은 2차 내구성 진단의 결과를 토대로 보수의 필요성이 요구되었을 때 보수범위 결정을 위해 실시한다. 여기에서는 반발경도법이나 콘크리트 중의 철근의 자연전위 측정을 통한 전위지도 등으로 이용하여 보수범위를 결정한다. 콘크리트구조물의 내구성 저하는 주로 환경적 요인과 관련되어 표면으로부터 성능저하가 진행되므로 콘크리트의 표면성능 저하를 가장 손쉽게 확인할 수 있는 반발경도법 등을 이용하거나 콘크리트 중의 철근 부식 가능성이 있을 때에는 철근의 자연전위를 측정하고, 이를 토대로 전위지도 등을 작성하여 부식 범위를 평가하고 보수범위를 산출한다.

1, 2, 3차 내구성 진단을 시간적 간격을 두고 수행하는 방법도 있으나, 때에 따라서는 2차, 3차 내구성 진단을 동시에 수행하는 경우도 있을 수 있고, 극단적으로는 1차 내구성 진단으로부터 3차 내구성 진단이 동시에 수행된다. 대상 콘크리트 구조물의 상황과 진단수행 목적이 분명하여 3차 진단과 같은 정밀진단이 분명히 요구될 때 업무의 효율적인 수행을 위하여 1, 2, 3차 진단을 종합적으로 고려한 작업의 동시수행이 훨씬 효과적인 경우도 있다.

표 4-1. 콘크리트 기본 성능저하현상

성능저하 현상		정의
균열	철근에 인접	-배근의 위치라고 생각되는 부위에 발생하는 균열, 일반적으로 연직 또는 수평, 직선형의 패턴을 나타낸다. 철근은 주근 외에 보조철근을 포함.
	망상	-망상(반드시 정확한 구형을 하는 것이라고 한정할 수 없음)
	기타	-규칙성, 불규칙성에 관계없이 상기 이외의 균열
탈락	박리	-콘크리트 중 일부 재료가 콘크리트로부터 분리되어 벗겨지는 현상
	박락	-콘크리트 중 일부 재료가 콘크리트로부터 분리되어 떨어져 나가는 현상
팝아웃		-콘크리트 내부의 부분적인 팽창압에 의해 콘크리트 표면의 일부 타원추형의 오목상으로 파괴된 상태
녹흔적		-콘크리트 중의 강재부식으로 녹이 유출되어 콘크리트 표면에 점착된 상태
백화		-강화한 콘크리트 표면에 생긴 백색 물질, 시멘트 중의 석회 등이 물에 녹아 표면에 용출되어 생성되어 있는 상태
표면열화		-동해, 마모 및 산에 의한 침식 등에 의해 취약화한 콘크리트 표면, 분상화를 포함
파손		-물리적 충격에 의하여 콘크리트가 손상을 입은 상태
기타 오염 및 손상		-백화 및 녹흔적 제외

4.2 성능저하 요인별 내구성 진단 절차

콘크리트의 내구성 진단 방법은 성능저하 요인별로 내구성을 평가하는 데 이용되는 시험법이 다르다. 따라서 본 절에서는 콘크리트의 염해, 중성화, 동해, 알칼리골재반응, 화학적 침식 등의 성능저하 종류별 내구성 진단의 세부절차를 제시한다.

먼저 내구성 저하의 원인별로 실시해야 할 시험 등이 다르므로 무엇보다도 외관조사를 토대로 성능저하 원인을 추정하는 것이 중요하고 코어시험체에 의한 1차 내구성 진단의 결과를 토대로 성능저하의 원인을 확인하는 것이 중요하다. 외관조사의 결과로부터 고차의 내구성 진단의 실시 여부를 결정하기 위해서는 각각의 성능저하 현상별 판단기준이 필요하다.

외관조사의 결과로부터 예상되는 성능저하 요인을 추정하는 데 필요한 기본적 성능저하현상은 표 4-1과 같다. 또한, 외관조사에 의한 성능저하현상별 콘크리트 상판의 상태평가 기준은 표 4-2에 나타내었고, 철근콘크리트 구조물이 위치한 환경조건 등에 따라 고차의 내구성 진단이 필요한 경우를 표 4-3에 나타내었으며, 고차진단의 경우 이용할 수 있는 성능저하현상별 정밀한 진단방법은 표 4-4에 나타내었다.

표 4-2. 외관조사에 의한 성능저하현상별 상태평가 기준과 필요한 내구성 진단

구 분		A	B	C	D	E
균열	일방향	없음 0.1mm 이하 부분적	0.1~0.2mm 간헐적 (30cm)	0.1~0.2mm 길이 50cm 이상 20cm 이하 간격	0.1~0.2mm 길이 50cm 이상 20cm 이하 간격	0.4mm 이상 균열로 발전
	이방향	없음	없음	0.1~0.2mm 부분적	0.2~0.3mm 망상균열 형태	0.2~0.3mm 망상균열 형태
박리		없음	없음	없음	국부적	국부적
파손		없음	없음	국부적	국부적	전반적
철근노출		없음	없음	없음	부분적 부식 동한	다수 발생 부식심화
백태		보수 후 원상 회복	국부적 발생 초기 상태	표면 전반에 얇은 백태	균열 주변에 심한 백태	균열 주변에 심한 백태
오염		없음	없음	균열 사이로 누수	균열 주변으로 누수 악화, 콘크리트 표면 부식	균열 사이로 녹물/니토 발생 부식에 의한 탈락
내구성 진단		-	관찰요	1차 내구성 진단	2차 내구성 진단	2차 및 3차 내구성 진단

표 4-3. 콘크리트 구조물의 환경과 필요 진단항목

항 목	판정조건	필요로 하는 2차 내구성 진단항목
경과년수	준공 후 25년 이상 경과	중성화, 철근 부식
한랭지수	구조물의 위치가 한랭지인 경우	동해, 표면성능 저하
염해지역	해안선에서 1km 이내	균열, 철근 부식
특수환경	열을 다루는 경우 약품, 부식성 가스, 온천지	중성화, 철근 부식, 균열, 강도성능저하, 표면성능저하
사용재료	해사, 반응성 골재 사용이 우려되는 경우	중성화, 철근 부식, 균열, 강도성능저하, 표면성능저하

표 4-4. 주요 검사기술별 성능저하 현상의 진단내역

<table>
<tr><th colspan="2" rowspan="2">구 분</th><th colspan="3">성능저하현상 진단내역</th><th rowspan="2">진단
정도</th></tr>
<tr><th>성능
저하현상</th><th>분석항목</th><th>장비</th></tr>
<tr><td>육안관찰법</td><td>-</td><td>전체</td><td>- 구조물 개요
- 성능저하조사
- 발생면적과 깊이</td><td>-</td><td>1~3차
내구성
진단</td></tr>
<tr><td>화학적 검사법
(콘크리트 샘플
채취)</td><td>-</td><td>중성화
철근부식
균열
강도
저하</td><td>- 배합 추정
- 중성화 깊이
- 염해도
- 공극분포
- 조직관찰
- 각종 원소 및 광물분석</td><td>XRD, XRF, AA,
DTA, SEM
편광현미경
Poteniograph
Porosimeter</td><td>2~3차
내구성
진단</td></tr>
<tr><td>비파괴검사법</td><td>반발경도법
초음파
속도법
자기법</td><td>균열
강도
저하
변형</td><td>- 강도추정
- 성능저하 유무 판정
- 균열깊이
-철근배근탐사</td><td>슈미트해머
pundit
철근 탐지기</td><td>2~3차
내구성
진단</td></tr>
</table>

주) XRD : X선 회절 분석장치, DTA : 시차열 분석장치
XRF : 형광 X선 분석 장치, SEM : 주사형 전자현미경
AA : 원자 흡광분광 광도계

외관조사의 결과를 토대로 추정되는 성능저하의 종류별로 다음 사항을 참고하여 고차의 내구성 진단을 실시한다.

① 염해 : 철근 축방향의 균열, 녹발생, 콘크리트와 철근의 단면손상
② 중성화 : 철근 축방향의 균열, 콘크리트 박리
③ 동해 : 미세균열, 팝아웃, 스케일링, 콘크리트 박리
④ 알칼리골재반응 : 팽창균열(구속방향, 귀갑성), 겔, 변형
⑤ 화학적 콘크리트 부식 : 변색, 콘크리트 박리

4.3 염해를 받는 콘크리트 구조물의 내구성 진단절차

외관조사는 철근 부식에 의해 발생하는 균열의 폭과 길이, 녹의 침출 등과 같은 성능저하 현상 관찰이 가능하다. 1차 내구성 진단의 콘크리트 품질을 중심으로 한 실내시험과 성능저하 정도를 평가하기 위한 2차 내구성 진단에서는 자연전위와 분극저항측정 등의 전기화학적 방법으로 철근 부식 상태를 모니터링한다. 또한, 콘크리트 내부의 염화물이온 침투 정도와 철근 부식 정도를 평가할 수 있는 항목에 대하여 진단을 실시해야 한다(표 4-5 참조).

염화물이온 농도는 코어채취를 하여 이를 일정간격으로 얇게 절단하여 깊이별 염화물농도를 분석하고, 염화물이온의 침투 정도에는 부착 염분량과 콘크리트 피복의 품질이 관련 있기 때문에 코어채취의 위치 선정에 있어서 사전에 검토해야 한다. 구조물 전체에 걸쳐 상세한 철근 부식 상황을 조사하기 위해서는 자연전위와 분극저항 등의 전기화학적 방법을 이용한다. 철근을 잘라내어 부식 상황을 관찰할 경우에는 녹발생 상황을 면적과 부식감량치로서 정량적으로 표현하는 것이 바람직하다. 부식이 현저한 경우에는 철근을 잘라내어 인장실험을 실시하는 것도 필요하다.

표 4-5. 염해에 대한 내구성 진단시험

구 분		필수 시험항목	추천 시험항목	비 고
1차 내구성 진단		비파괴강도 철근 및 균열탐사 자연전위 측정 현장중성화/염화물량 측정	분극저항 측정	현장파괴 조사
2차 내구성 진단	실내 시험	코어강도 및 탄성계수 코어 중성화 코어의 깊이별 염화물량 배합추정 철근의 단면 감소	강재인장시험 XRD/SEM 분석	*경화한 콘크리트 중의 단위 시멘트 함유량 시험으로 대체 가능
	현장 시험	정밀외관조사 (균열간격, 폭, 길이, 방향성) 쪼아내기조사 (철근의 부식 상태) 자연전위 측정	비저항 분극저항	
3차 내구성 진단		외관조사망도 자연전위에 의한 전위지도		

표 4-6. 중성화에 대한 내구성 진단시험

구 분		필수 시험항목	추천 시험항목	비 고
1차 내구성 진단		염해와 동일		
2차 내구성 진단	실내 시험	코어강도 및 탄성계수 코어 중성화 코어 염화물량 배합추정	철근 단면 감소 강재인장시험 XRD/SEM 분석 열분석 시험 (TG/DTA)	
	현장 시험	정밀외관조사 (균열간격, 폭, 길이, 방향성) 쪼아내기조사 (철근의 부식 상태) 자연전위 측정	비저항 분극저항	
3차 내구성 진단		외관조사망도 자연전위에 의한 전위지도		

4.4 중성화에 관한 콘크리트 구조물의 내구성 진단절차

중성화가 성능저하의 원인으로 추정될 경우에는 건습의 반복을 받기 쉬운 장소를 중점적으로 진단하는 것이 좋다. 일상점검, 정기점검에서 이루어지는 육안점검은 중성화의 진행과 동반한 철근 부식에 의해 발생한 균열과 콘크리트 박리, 탈락을 성능저하 정도의 지표로 하는 경우가 있다. 중성화에 의한 철근 부식이 의심되는 구조물에 있어서 자연전위, 분극저항 측정에 의한 전기화학적인 방법으로 철근 부식 상황을 모니터링하는 것이 좋으며, 철근 부식에 의한 외관변화의 범위와 철근 부식 상황, 중성화 깊이 등을 평가할 수 있는 항목에 대해 진단을 실시하는 것이 좋다(표 4-6 참조).

중성화 깊이는 페놀프탈레인 분무에 의한 변색깊이 등의 측정으로 구하는 방법이 많지만, 구조물 전체에 걸친 평균적인 중성화 진행도를 평가할 수 있는 위치와 개소를 설정해야 한다.

또한, 중성화 깊이와 콘크리트 피복의 상관관계에 대해서도 데이터를 수집하는 것이 중요하다. 철근 부식 상황 평가는 전술한 염해의 조사방법과 동일하게 한다.

중성화 속도에는 환경조건 이외에 사용재료와 시공조건으로부터 정한 콘크리트의 품질과 관련시키기 위하여 코어를 채취하여 시멘트량 분석과 강도에 대표되는 물리량 측정을 실시하는 것도 필요하다. 콘크리트 품질의 분포상황과 관련해서는 슈미트해머 시험과 초음파속도측정 등의 비파괴검사방법을 적용하는 것이 좋다.

Check point!

중성화가 성능저하의 원인으로 추정될 경우에는 건습의 반복을 받기 쉬운 장소를 중점적으로 진단하는 것이 좋다.

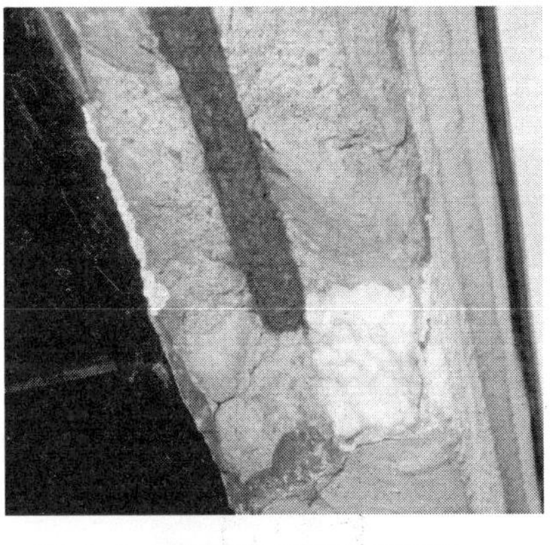

그림 4-2. 중성화로 피복이 벗겨진 콘크리트

4.5 동해에 관한 콘크리트 구조물의 내구성 진단절차

콘크리트의 동해깊이 등에 주목해야 한다. 성능저하 기구로서 동해가 예측되는 경우에는 동결융해를 육안관찰에서는 스켈링 범위와 깊이, 균열의 길이 폭 등을 성능저하 정도의 지표로 하는 것이 가능하다. 구조물이 유지관리 구분에 포함되는 경우에는 성능저하 외력인 동결융해 회소를 모니터링하는 것이 좋다. 상세점검은 골재와 콘크리트 품질, 동해발생 유무를 평가할 수 있는 항목에 관하여 실시하는 것이 좋다.

일반적으로 골재품질 조사는 구조물의 시공 전에 실시되지만 골재에 발생하는 동해의 판별은 사용골재의 흡수율과 안정성 손실 중량 등의 물리시험결과에 의하여 실시한다. 콘크리트의 품질도 일반적으로 시공에 앞서 조사되는 것이 많다. 사용 콘크리트의 내동해성은 동결융해시험결과에 의한 상대동탄성 계수와 길이변화율에 의하여 판정할 수 있다. 동해의 판별은 사용골재의 흡수율과 안정성 손실 중량 등의 물리시험 결과에 의하여 실시한다. 콘크리트의 품질도 일반적으로 시공에 앞서 조사되는 것이 많다. 사용 콘크리트의 내동해성은 동결융해시험 결과에 의한 상대동탄성계수와 길이변화율에 의하여 판정할 수 있다. 동해의 유무는 구조물의 대표적인 개소(수개소 이상이 바람직함)에 대해서 표면경도, 초음파 전파속도 및 투기성을 측정하여 종합적으로 판정한다. 이러한 측정결과로부터 콘크리트 물성이 서로 다름을 평가하는 것은 가능하지만 동결깊이 비율에 관해서는 뒤에 서술하는 코어채취에 의한 편이 좋다.

동해 깊이는 스켈링 깊이와 동해 성능저하 깊이를 측정하여 그 최대치와 최소치를 구한다. 또한 동해

성능저하 깊이는 동해가 확인되는 장소로부터 코어 채취를 하여 세공경 분포 등으로부터 평가한다 (표 4-7 참조).

세공경 분포는 코어를 표면으로부터 수 cm 간격으로 절단하여 여러 가지 세공경별 세공량의 변화점을 구하는 것을 목적으로 한다.

표 4-7. 동해에 대한 내구성 진단시험

구 분		필수 시험항목	추천 시험항목	비고
1차 내구성 진단		염해와 동일		
2차 내구성 진단	실내 시험	코어강도 및 탄성계수 코어 중성화 코어의 깊이별 염화물량 배합추정 철근의 단면 감소	골재 물리 시험	
	현장 시험	정밀외관조사 (균열간격, 폭, 길이, 방향성, 들뜸, 박리, 박락의 면적 등) 자연전위 측정	쪼아내기 조사 (철근의 부식상태)	* 자연전위 측정결과에 따라서
3차 내구성 진단		외관조사망도 반발도에 의한 압축강도 분포도		

4.6 화학적 침식에 관한 콘크리트 구조물의 내구성 진단절차

> **Check point!**
> 콘크리트의 화학적 침식에 의한 성능저하가 예측되는 경우에는 표면으로부터 침식깊이 등에 주목하여야 한다.

콘크리트의 화학적 침식에 의한 성능저하가 예측되는 경우에는 표면으로부터 침식깊이 등에 주목하여야 한다. 육안관찰에서는 균열발생 상황, 콘크리트의 들뜸, 박리 및 변색 등으로부터 화학적 유해물질 침투에 의한 성능저하 정도를 얻을 수 있다. 상세점검은 콘크리트의 화학적 침식에 의한 성능저하 깊이와 철근의 부식 정도를 평가할 수 있는 항목에 관하여 실시하고 유해물질의 종류와 영향 정도를 판정할 수 있는 항목도 실시한다(표 4-8 참조).

성능저하 범위는 콘크리트의 품질 양부를 슈미트 해머 시험과 초음파속도 예측에 의하여 평가하는 방법을 병용하는 것이 바람직하다. 침식깊이는 들뜸, 박리 깊이뿐만 아니라 코어를 채취하여 그 표면으로부터 일정간격으로 설단한 시료의 화학분석 결과를 종합적으로 검토하여 결정하는 것이 좋다. 콘크리트 품질에 관해서는 유해물질 침투깊이와 그에 의한 성능저하 정도를 파악할 수 있는 조사방법을 선정하여야 한다.

표 4-8. 동해에 대한 내구성 진단 시험

구 분		필수 시험항목	추천 시험항목	비고
1차 내구성 진단		염해와 동일		
2차 내구성 진단	실내 시험	코어강도 및 탄성계수 코어 중성화/염화물량 배합추정 부위별 XRD/SEM 분석	유해물질의 종류분석 C-S-H 분해조사 XRF	=건전/손상부위 * 유해물질의 종류별로 상이
	현장 시험	정밀외관조사 (변색 부위 등) 표면강도, 초음파 속도 자연전위 측정	자연전위 측정 쪼아내기 조사 (철근의 부식상태)	* 자연전위 측정결과에 따라서
3차 내구성 진단		외관조사망도 침식깊이 분포도	전위지도 반발도에 의한 압축강도 분포도	

4.7 내구성 진단결과의 평가 및 판정

4.7.1 개요

콘크리트 구조물에 발생하는 성능저하 평가 및 판정은 주로 육안관찰에 의한 외관 및 기본조사에 기초를 두는 평가 및 판정과 1차 및 2차 내구성 진단결과에 기초를 두는 평가 및 판정 2단계로 실시한다.

처음에는 외관 및 기본조사(설계도서도 참고)를 실시하여 평가·판정을 실시하고, 외관조사에 의하여 정확한 성능저하 원인의 판정이 곤란한 경우에는 1차 내구성 진단결과 등을 이용하여 평가·판정하는 것이 좋다. 이 경우 외관조사는 일상점검이나 정기점검 등과 같이 일반적인 점검에 있어서 구조물의 표면에 발생하는 성능저하 유무를 확인하는 것과 동시에 그 구조물이 위치한 환경으로부터 발생한 성능저하의 종류를 추정하는 가장 기본적인 점검방법이다.

또한, 기기 등을 사용한 1차 및 2차 내구성 진단에서는 육안관찰에 의한 외관조사와 비교하여 상세하고 정량적인 데이터가 얻어지므로 구조물의 성능저하 정도를 상세히 파악할 수 있고, 구조물의 성능저하 기구나 원인을 추정가능하다.

콘크리트 구조물에 대한 사용 가능 여부 판정, 보수 및 보강의 필요성 판정 등은 내구성, 내화성, 기능성, 주변 환경에 미치는 영향 및 구조물이나 부재의 중요도 등을 고려하여 종합적으로 판정하여야 하지만 여기서는 내구성을 중심으로 평가한다.

4.7.2 평가

구조물의 내구성에 대한 평가는 내구성 진단결과에 기초하여 적절한 방법으로 평가해야 한다. 이 경우 평가는 진단을 실시한 부위에서 각각의 성능평가 결과와 진단을 실시한 부위의 전체구조물에 대한 중요도 등을 고려하여 적절한 방법으로 실시해야 한다.

성능저하도 평가는 성능저하의 상황이나 성능저하 기구의 진행 정도가 구조물의 성능저하에 미치는 영향에 대하여 이론적 또는 정량적인 평가가 어려운 시기이므로 성능저하 상황이나 성능저하 기구의 진행 정도에 관한 등급화에 의해 성능저하도를 평가하는 것이 현실적이다. 구조물의 점검 결과로부터 그 구조물에 발생하고 있는 중요한 성능저하기구가 불명확한 경우도 있으므로 그러한 경우에는 그 구조물에 발생한 성능저하의 종류나 정도를 종합적으로 분석하여 성능저하도를 평가한다.

외관조사에 의한 평가시 성능저하가 관찰되지 않는 경우에는 내구성, 내화성, 기능성 및 주변 환경에 미치는 영향 등이 충분히 건전하다고 평가한다. 육안관찰에 의한 점검에서는 성능저하에 실제로 나타나는 경우에만 그 상태를 파악한다.

이 경우 동해, 화학적인 침식 등과 같이 표면에서 내부로 진행되는 성능저하는 초기단계에 육안관찰에 의해 확인할 수 있지만 염해나 중성화와 같은 경우는 성능저하가 어느 정도 진행된 후에 육안으로 확인 가능하다.

따라서 염해나 중성화에 의한 성능저하의 경우에는 육안관찰에 의한 점검에 의해 건전하다고 평가되어도 콘크리트 중에서 철근의 부식이 진행되고 있는 경우도 있다. 그러나 일반적인 구조물에서는 철근의 부식이 발생한 후에도 철근 부식에 의한 균열이 발생되는 단계에서 내구성에 영향을 미치는 것으로 생각되므로 육안관찰에 의한 성능저하를 확인할 수 없는 경우에는 건전하다고 평가한다. 그러나 철근의 부식을 파악하는 것이 필수적인 구조물에 대해서는 성능저하 현상이 나타나기 전부터 철근 부식의 상황을 파악해야 한다.

외관조사 및 1차 내구성 진단에 의한 결과는 정성적인 자료인 경우가 많고, 일반적으로 등급화에 의한 평가가 유효하다. 이러한 평가는 내화성, 기능성 및 주변 환경에 미치는 영향에 대해서만 가능하지만 육안관찰에 의한 점검만으로는 평가가 곤란한 경우도 있으므로 고차의 내구성진단 실시 여부를 검토해야 한다.

일반적으로 2차 및 3차의 내구성 진단은 성능저하가 현저한 부위나 부재에 대해 실시되기 때문에 이러한 한정된 자료로부터 구조물의 성능을 평가하기 위해서는 진단이 실시된 부위의 구조물에 대한 중요도를 평가항목별로 고려하는 것이 중요하다. 또한, 철근 부식과 같은 성능저하 기구에서는 구조물의 표면에서 인식할 수 없는 성능저하가 발생할 수 있으므로 다른 부위에서 성능저하가 인정된 경우에는 그 구조물에서 중요한 부위나 부재에 대한 고차의 내구성 진단을 실시하는 것이 바람직하다.

고차의 내구성 진단에서는 보다 상세한 평가가 가능하며, 구조물에 발생한 성능저하 기구 및 성능저하 원인의 추정도 가능하므로 성능저하 현상 대책으로 보수를 실시하는 경우에는 3차 내구성 진단이 필수적이다.

4.7.3 판정

① 외관조사와 내구성 1차 진단의 결과에 의하여 고차 내구성 진단 여부를 판정한다. 이를 위해 내구성 1차 진단 결과는 성능저하 정도를 손상도로 나타내고 내구성 진단항목별로 4단계로 구분하여 나타낸다.

각종 성능저하에서 구조물의 기능에 가장 큰 영향을 미치는 것이 철근 부식이다. 자연전위는 철근 부식에서 가장 직접적인 지표이며, 이 결과만으로 어느 정도 손상도를 판단하는 것이 가능하다. 그러나 철근 부식의 발생원인으로서 염화물의 함유량과 중성화의 진행상황 등도 포함하여 평가하는 것이 진단의 정도를 향상시킬 수 있으므로 이러한 지표도 포함한 손상도 평가를 기본으로 하였다.

조사한 구조물의 평가시점에서 성능저하 정도를 나타내는 지표인 손상도는 구조물에 발생한 손상상태나 진행과정을 이론적 또는 정량적으로 파악한 결과를 반영시켜 판단의 정도를 높이는 것이 이상적이다. 그러나 현 단계에서는 이론적으로 높은 정도를 가지는 손상도 판정법은 아직 연구단계에 있으며, 실용적인 방법이 확립되어 있는 상태는 아니더라도 지금까지의 조사연구에서 얻어진 지식을 종합하면 대략적인 손상도 판정은 가능하다고 생각한다.

이와 같은 배경으로 콘크리트 구조물의 유지관리에 시스템의 일부로서 정착시키기 위해서는 공학적으로 타당하다고 생각되는 범위에서 진단방법을 확립하는 것이 중요하다. 평가기준은 콘크리트 구조물의 손상이 가장 크다고 생각되는 것을 Ⅳ로 하고 손상도가 적은 순으로 등급을 매겨 손상도가 가장 작다고 생각되는 것, 즉 건전한 것을 Ⅰ로 하여 손상도를 4단계로 구분한다.

단, 점검 시에 실시한 개별항목 조사결과는 여러

가지 항목에 대하여 동일한 손상도로 판정되는 것은 아니다. 예를 들면 자연전위의 측정결과에 의한 판정은 Ⅲ이지만 염화물량의 측정결과에 의한 판정은 Ⅱ로 나타날 수 있으므로 시험항목마다 손상도 판정이 다르게 얻어진다. 손상도 판정결과가 Ⅱ~Ⅳ로 판단된 경우는 2차 내구성 진단과 같은 상세조사를 실시하여 대상 구조물의 내구성을 보다 정확하게 판단해야 한다. 손상도 Ⅰ로 판단된 경우에는 2차 내구성 진단은 필요 없는 것으로 판단해도 좋다.

② 2차 내구성 진단 결과에 의하여 대책의 필요성 여부 및 필요한 대책의 종류에 관한 판정을 시행한다. 대책이 필요한 것으로 판정된 경우에는 내구성, 내화성, 기능성, 주변환경에 미치는 영향 등을 고려하여 대책을 결정해야 한다. 보수·보강을 실시하는 경우에는 구조물에 발생된 주요 성능저하 기구를 명확히 하여 적절한 공법을 선정하는 것이 중요하다.

2차 내구성 진단은 외관조사 및 1차 내구성 진단 결과 일정한 손상이 인정되면, 2차 내구성 진단이 필요하다고 판단되는 구조물을 대상으로 실시한다. 2차 내구성 진단의 실시 목적은 구조물의 성능저하 원인을 확정함과 동시에 손상도를 평가함으로써 보수 여부와 적용방법 및 보수방법의 선택 근거를 얻는 것이다.

먼저 외관조사 및 1차 내구성 진단 결과로부터 해당 구조물의 손상 형태를 추정한다. 또한, 콘크리트 구조물 중에 강재부식 등에 의한 손상을 정확하고 효율적으로 판단하기 위하여 시험항목을 선정하고, 조사를 실시한다. 최종적으로 조사결과를 근거로 한 손상 형태 확정 및 내구성 등급을 판정한다.

내구성 등급 판정은 성능저하 원인에 따라 조금 상이하며, 추정되는 내구성 저하의 원인별로 실시된

개별 평가 결과를 종합하여 내구성 등급을 평가한다. 콘크리트 내구성 등급 평가는 정밀외관조사, 1차 및 2차 내구성 진단의 결과로부터 객관적으로 판단하는 것으로 하고, 극히 주관적인 판단은 하지 않도록 한다. 조사결과가 얻어지지 않는 항목에 대해서 유추하여 판단하는 것은 반드시 피해야 한다.

내구성 등급 평가방법은 A~E의 5단계로 분류하여 실시하였다. 여기에서 A~E의 각 단계는 각각 표 4-9에 나타난 상황을 고려하고 있다.

표 4-9. 내구성 등급의 평가기준

내구성 등급	손상 정도
A	조사를 실시한 시점에서는 구조물에 손상이 없다고 판단되는 단계
B	조사를 실시한 시점에서 구조물의 내구성능이 저하되고 있다고 판단하는 것이 곤란하지만 그 징조가 감지되는 단계
C	조사를 실시한 시점에서 구조물의 내구성능이 저하된다고 생각되는 단계
D	조사를 실시한 시점에서 구조물의 내구성능이 현저히 저하되어 내화성능 저하가 염려되는 단계
E	조사를 실시한 시점에서 구조물의 내구성능 저하로 긴급한 보수보강이 필요한 상태 또는 안전성에 위험이 있는 단계

③ 내구성 2차 진단의 결과로부터 보수 또는 보상이 필요한 경우 3차 내구성 진단을 실시하여 보수 또는 보상의 범위를 결정해야 하며, 보수·보강 등의 대책을 실시한 후에는 효과의 확인을 위해 적절한 점검을 시행하여야 한다.

5. 방식공법

5장에서는 지금까지 알아본 철근콘크리트 부식에 대비하여 방식에 대한 중요성과 방청제, 전위변화, 표면처리, 피복 등과 같이 부식방식을 위한 여러 방법에 대하여 알아본다.

5.1 방식설계

철강재료 및 기타 강구조물에 철을 사용할 경우 자원 및 에너지절약이나 환경 측면에서 매우 중요한 문제이며, 구조물의 방식에 관련하여 소요되는 경비는 설계에 따라 크게 달라진다. 따라서 설계자는 기계적 강도 및 기능을 고려하여 구조물을 설계하는 것이 보통이나 대부분의 해양구조물은 부식성 있는 분위기에 놓여 있기 때문에 부식 문제를 설계에 포함시켜야 한다.

방식설계의 기본원칙은 부식은 금속 표면을 뚫고 들어가는 성질을 갖고 있기 때문에 일반적으로 요구되는 두께는 수명에 해당하는 부식깊이보다 2배로 크게 한다. 그러나 사실상 대부분의 경우 부식은 균일하게 발생하지 않기 때문에 압력, 무게, 응력 등의 기계적 조건을 고려하면서 두께를 설계해야 한다.

1) 형의 단순설계

형이 단순할수록(ex : 둥글수록) 구조물의 부식에 대한 위험성은 적어지고 각(angle), 모서리, 가장자리, 내부 표면 등이 많을수록 표면처리가 힘들 뿐만 아니라 침식 부식의 위험성이 커진다. 특히, 파이프 등에서 날카롭게 굽어지는 부분이 존재할 경우 물의 방향이 급히 변화되고 침식 부식이 크게 발생하게 된다. 또한, 사용할 때 손상될 우려가 있는 부품은 쉽게 대치할 수 있도록 설계한다.

2) 배수(Draining) 및 소재의 고려

습기가 없으면 부식은 발생하지 않으므로 설계자는 구조물이 가능한 한 습기로부터 보호될 수 있도록 신중을 기하고, 구조물 자체가 습기를 보유하지 않는 형태이어야 하며, 도장하기에도 적합해야 한다. 또한 바닥은 배수가 쉽게 되도록 경사져야 한다.

3) 갈바닉(Galvanic) 부식의 고려

갈바닉 부식은 이종금속이 직접 접촉하고, 같은 전해액 속에서 접촉해야 하며, 이종금속 사이의 전위차가 커야 한다. 또한, 용액 속에 용해산소가 존재하여 음극반응이 유지되어야 한다. 가능하다면 같은 금속을 사용하는 것이 좋으며, 특히 갈바닉 계열에서 서로 멀리 떨어진 금속 또는 합금을 함께 접촉시켜 사용하지 않도록 한다.

4) 접합시 고려

접합할 때 리벳 등을 사용하는 대신 용접을 실시하는 것이 더욱 좋다. 리벳 등의 사용으로 인해 틈, 홈 등이 생길 우려가 있기 때문이다. 특히 주의해야 할 것은 이종금속 접합시에 소양극-대음극의 위험이 발생하지 않도록 하고, 대신 대양극-소음극의 접합이 되도록 해야 한다.

5) 과도한 기계적 응력 고려

부식 환경에서 기계적 응력 및 잔류응력이 존재하면 응력 부식 균열을 일으키게 된다. 특히, 이 법칙은 응력 부식 균열에 민감한 스테인리스강이나 황동 등을 사용할 때 반드시 지켜져야 한다.

6) 불균일한 온도구배 고려

국부적인 가열 및 불균일한 온도분포 등은 부식을

촉진시킨다. 더욱이 온도가 높은 부분은 응력을 형성하게 되고 이것은 결국 응력 부식 균열을 일으키게 된다. 한편, 계열이 다른 영역 사이에 이종금속 사용, 불균일한 온도분포 및 응력분포, 기타 다른 성질의 차이가 있으면 부식을 야기시킨다. 따라서 설계시에는 가능한 한 모든 조건이 균일하도록 하는 것이 좋다.

Check point!

방청제는 방청작용의 구조에 따라 여러 가지로 나눌 수 있으며, 크게 양극과 음극, 혼합, 흡착, 기상억제제 5가지로 분류된다.

5.2 방청제(corrosion inhibitor) 사용

방청제란 콘크리트 내의 철근이 사용 재료 중에 함유되는 염화물에 의해 부식되는 것을 억제하기 위해 사용하는 혼화재료를 말한다. 철근콘크리트용 방청제는 특히 해사를 이용하거나 염분의 침투를 받는 해안구조물의 철근콘크리트를 대상으로 하며, 방청제 사용과 동시에 콘크리트의 공학적 처리(물시멘트비와 같은 슬럼프 규제, 피복두께 증가, AE감수제 사용)를 병용함으로써 효과가 발휘된다. 지금까지 밝혀진 방청제의 주성분은 크롬산염(chromates), 인산염(phosphates), 차아인산염(hypophosphites), 알칼리, 아질산염, 불화물 등이다. 이러한 방청제 중 일부는 효과적이지만 아직도 실험실에서 성능을 시험하고 있는 것도 있다. 그러나 화학적으로 방청효과가 우수하게 나타나는 혼화제라 하더라도 압축강도가 큰 폭으로 떨어지는 등의 물리적 성능에 악영향을 미칠 수도 있다. 최근에는 질산칼륨이 우수한 성능의 방청제로써 알려져 있기도 하지만 아직은 이론적 단계이다.

〈사용 전〉

〈사용 후〉

그림 5-1. 방청제 사용 전후의 철근 상태

방청제는 부식전해액에 첨가됨으로써 양극반응 또는 음극반응을 억제하게 되고, 부식속도를 감소시키는 방식구조를 가지고 있다. 양극억제제는 양극분극을 증가시켜 부식전위를 증가시키는 반면, 음극억제제는 음극분극을 양극분극을 증가시켜 부식전위를 활성방향으로 이동시킨다. 혼합억제제의 경우에는 전위 변화가 적으며, 양극분극의 상대적인 크기에 따라 달라진다.

방청제를 방청작용의 구조에 따라 여러 가지로 나눌 수 있다. 크게 양극과 음극, 혼합, 흡착, 기상억제제 5가지로 분류되는데 다음과 같다.

1) 양극억제제(Anodic Inhibitor)

양극억제제는 전기화학적 부식반응 중 양극 반응을 저지함으로써 부식속도를 감소시키며, 주로 금속표면을 부동태화시킴으로써 화학반응이 이루어지지 않게 하는 방법이다.

양극억제제로는 정인산염, 아질산염, 안식향산염 등이 있다. 양극억제제는 매우 효과적이며, 또한 널리 사용되지만 사용에 신중을 기해야 한다. 억제제의 양이 부족할 경우 양극의 전체 표면을 덮을 수 없어 소양극-대음극의 위험한 현상이 발생하여 심한 공식을 일으킬 수 있다. 이럴 경우 억제제는 제 역할을 못할 뿐만 아니라 오히려 부식을 촉진시키게 된다.

(1) 정인산염(Orthophosphates)

인산염을 물에 첨가하면 알칼리도가 증가한다. 그러나 물에 충분한 양의 칼슘이 존재할 경우에만 보호피막을 효과적으로 생성하게 된다. 여기서 생성되는 보호피막은 주로 $CaCO_3$와 산화물로 구성되어 있으며, 인산염의 함량은 매우 적다. 따라서 연수의 경우에 석회를 첨가하지 않고 인산염만 첨가하게 되면 효과가 거의 없게 된다. $Na_2O \cdot SiO_2$와 같은 규산나트륨이 물에 대한 부식억제제로서 많이 사용된다. 이들은 물의 알칼리도를 높이며, 또한 양극억제제로서의 역할을 한다. 억제제로서의 역할은 $(mSiO_2 \cdot nSiO_3)^{-2n}$와 같은 음이온과 관계 있으며, 이러한 음이온이 양극 표면을 향해 이동하게 된다.

(2) 아질산염(Nitrite)

아질산염은 보호피막을 형성하는데 효과가 큰 것으로 알려져 있다. 아질산염은 부식생성물을 원자가 더 높은 화합물로 산화시키게 되며, 이러한 화합물은 일반적으로 낮은 용해도를 가지기 때문에 보호피막을 더욱 쉽게 생성할 수 있다. 아질산염은 보통 인산염, 안식향산염 등과 함께 혼합하여 사용한다.

(3) 크롬산염 (Chromate)

아질산염과 마찬가지로 칼슘염이 존재하지 않아도 보호피막을 형성할 수 있는 산화억제제이다. Na_2CrO_4 및 K_2CrO_4 등이 많이 사용되며 부식생성물을 더 낮은 용해도를 가진 화합물로 산화시킨다. 크롬산염은 금속 표면에 부동태피막을 형성하게 되는데 이 피막은 Cr_2O_3와 크롬산염으로 구성되어 있다.

(4) 안식향산염(Benzoate)

유기산의 음이온도 부식억제제의 역할을 하고, 많은 유기산 중에서도 안식향산나트륨으로서의 안식향산이 가장 효과적인 것으로 판명되었다. 안식향산염은 산화제가 아니며 음이온의 특성에 따라 양극억제제로 분류되고 있다. 그러나 안식향산염은 농도가 아주 낮기에 다른 양극억제제에서 발생할 수 있는 소양극-대음극의 위험은 없다.

2) 음극억제제(Cathodic Inhibitor)

음극억제제 역할은 음극 표면에서 수소이온과 반응하여 석출된 화합물이 음극영역을 차단하여 고립시킴으로써 화학적 반응을 방해하는 것이다. 경수(hard water)에 자연적으로 존재하는 $Ca(HCO_3)_2$나 인위적으로 더해지는 $ZnSO_4$ 등도 음극억제제이다. 이러한 물질들은 음극 표면에 $CaCO_3$ 또는 $Zn(OH)_2$로 구성된 확산장벽층(diffusion barrier layer)을 형성하게 되고 따라서 부식속도를 크게 감소시키게 된다. 또한, 다인산염(polyphosphate), Hg(Zn에 있어서) 등도 음극억제제에 속한다.

(1) 석회(Lime)

경수가 연수에 비해 부식성이 적다는 사실은 오랜 경험에 의해 알려져 왔으며, 실험에 의해서도 밝혀진 사항이다. 경수에서 이와 같이 부식이 억제되는 원인은 주로 $CaCO_3$로 구성된 확산장벽층이 생성되기 때문이다. 이러한 관점에서 염수 중에서도 석회를 첨가함으로써 그 부식성을 감소시킬 수 있다. 석회는 용액 속에서 양이온으로 존재하게 되고 음극 표면에 탄산염으로 침전하게 된다. 특히, 석회는 인산염 및 규산염을 첨가하면 매우 우수한 방식성을 발현하게 된다.

(2) 다인산염(Polyphosphates)

보일러 용수 등에 첨가되는 다인산염도 음극억제제에 해당한다. 다인산염은 특히 칼슘이 존재하는 경우에 $(Na_5CaP_6O_{18})n^{+n}$와 같은 형태의 커다란 양이온을 형성하게 된다. 이 커다란 양이온은 음극으로 이동하여 비교적 두꺼운 피막을 생성하게 되고, 정인산염에서와 마찬가지로 다인산염이 억제제로서 효과적인 작용을 하기 위해서는 일정량의 칼슘이 용액에 존재해야 한다.

3) 흡착형 부식억제제(Absorption Inhibitor)

흡착형 부식억제제는 유기 부식억제제의 일종으로 금속표면 상태를 변화시켜 부식을 억제시키므로 일종의 계면활성제 역할을 한다. 일반적으로 금속 표면에 흡착되어 금속 표면을 피복하여 산소, 물 및 부식성 물질의 침입을 방지하여 부식을 억제하기 때문에 금속 표면은 아무런 변화도 받지 않는다.

이들은 금속의 전체 표면에 흡착되어 양극반응과 음극반응을 동시에 억제시키기 때문에 흡착억제제 또는 이중작용 유기억제제라고 하며, 보통 다음과 같이 분류된다.

① 유기아질산염 및 아민과 같은 N을 함유한 화합물
② HS^- 및 S^{-2}에서 처럼 S를 함유한 화합물
③ S와 N을 동시에 함유한 화합물

4) 기상억제제(Vapor Phase Inhibitor)

지금까지 설명한 부식억제제는 모두 용액 중에 용해 또는 분산시켜 사용하는 것이었다. 그러나 어떤 밀폐된 공간 내에서 수송 또는 저장 중에 있는 재료의 부식을 방지하기 위해서는 휘발성이 있는 기상억제제를 사용하는 것이 편리하며, 이를 보통 VPI 또는 VCI(Volatile Corrosion Inhibitor)라 한다. 높은 증기압을 가진 지방족아민 및 아질산염 등이 여기에 속한다. 그 예로는 dicyclohexylammoniumnitrite ($C_6H_{11} \cdot 2NH_2 \cdot NO_2$)가 있다. 방식포장에는 VCI를 스며들게 하여 포장시킨 종이가 많이 사용되고 있다. VCI는 철강재료에는 효과가 있으나 비철재료에는 별로 효과가 없는 결점이 있다.

5.3 전위의 변화

부식 방지를 위한 전기화학적 방법은 근본적으로 금속의 전극전위를 변화시킴으로써 용액에서의 용해를 방지 또는 줄이는 것이다. 이러한 전기화학적 방식은 음극방식과 양극방식으로 나눌 수 있다. 금속의 전위를 활성방향으로 이동시킴으로써 방식할 경우 음극방식이라 하며, 귀방향으로 증가시킴으로써 방식할 경우 양극방식이라 한다. 초기에는 교량상판에서 전기전도성의 아스팔트 포장을 통해 이 원리를 적용하는 방법을 응용하였으나 교통하중에 따라 파손되는 경우 다시 치환해야 하는 문제가 있어 현재는 아스팔트 포장 하부의 콘크리트면에 양극을 설치하는 방법이 가장 일반적이다.

콘크리트 중에는 고전해 물질이 존재하기 때문에 철근의 전기방식이 가능하다. 이러한 방식법은 일반적으로 철근과 전자발생원을 접속시켜 철근 중에 고밀도의 전자를 흐르도록 하여 완성한다. 실제로 적용할 경우에는 다음의 2가지 방법이 있다. 하나는 외부전원에 의해 강제적으로 분극시키는 것(외부전원법)이며, 다른 하나는 이종금속간(예를 들면 아연과 철)의 전지작용을 이용하는 것(희생양극법)이다. 실제로 적용 시 주의해야 할 문제는 철근 전체로 작용하는 전위차와 전류밀도를 제어하는 것이다. 콘크리트의 전기저항성은 콘크리트 중의 수분과 염분함유량에 크게 좌우되기 때문에 전해도의 성능은 동일한 구조물 가운데서도 부분에 따라 크게 변화되며 또한 환경조건에 따라, 시간변화에 따라서도 좌우된다. 더욱이 작용되는 전압이 너무 높아도 좋지 않다. 이는 알칼리도가 너무 높으면 철근과 콘크리트간의 부착이 약해지기 때문이다.

> **Check point!**
> **음극방식**
> 음극방식은 갈바닉 음극방식과 전해음극 방식으로 분류된다.

1) 음극방식(Cafholic Profecfion)

음극방식은 전기화학에 관한 학문이 발달하기 이전인 1824년 Humphrey Dovy가 영국 해군함정에 적용한 때부터 사용되기 시작하였다. 또한, 직류전원을 사용하여 음극분극시키는 방법은 1915년 Cumberland에 의해 처음으로 사용되었다. 음극방식에서는 부식되고 있는 금속(방식되어야 할 금속)이 전기화학 전지에서 음극으로서 쌍을 이루어 금속의 전위가 안정영역으로 감소하게 된다. 따라서 금속의 용해는 정지 또는 감속되고 전류의 흐름에 해당하는 속도로 수소 발생 및 산소환원이 진행된다. 음극방식은 갈바닉 음극방식(golvanic cathodic protection)과 전해음극방식(electrolytic cathodic Protection)으로 분류된다.

> **Check point!**
> **갈바닉전지란?**
> 화학전지는 화학반응을 이용해서 전류를 발생시키거나 또는 전류를 이용해서 화학반응을 일으키는 장치이며, 자발적 화학반응을 통해서 전류를 발생시키는 화학전지를 갈바닉 전지라고 한다.

(1) 갈바닉음극방식

갈바닉전지에서 부식금속을 음극이 되도록 하며, 전위가 낮은 금속(예 : Mg, Zn, Al)을 양극으로 사용한다. 이들 금속은 희생양극으로서 작용하게 되며 부식금속의 부식을 방지 또는 감소시키게 된다. 희생양극으로 사용되는 금속을 바탕금속에 피복시키는 방법(강의 갈바나이징)과 양극이 되는 부식금속과 쌍을 이루도록 하는 방법이 있다. 갈바나이징한 강은 피복된 아연이 선택적으로 부식됨으로써 강을 보호하게 되어 아연이 희생양극으로서 작용하게 된다. 반대로 주석의 경우에는 아연보다 내식성이 크지만 강에 피복시킬 경우 바람직하지 못한 결과를 초래한다. 피복된 주석이 약간 부식되거나 손상되어 강이 노출될 경우 소양극-대음극의 위험한 현상이 초래되어 강의 부식이 크게 촉진되기 때문이다. 따라서 땅 밑에 묻혀 있는 강 파이프를 보호하기 위해 Mg이 희생양극으로 사용된다.

(2) 전해음극방식

전해전지에서 부식금속이 음극이 되도록 하며 직류전원으로는 보통 교류를 정류기로 직류화한 것을 사용한다. 이 전지의 양극은 불용성이지만(Pt, Pb, C, N) 때로는 가용성(Fe, Al)의 것도 있다. 음극방식의 전해방법으로는 외부전지 전압에 의해 전류를 조정하는 방법과 정전압장치에 의해 음극전위를 조정하는 방법이 있다.

(3) 양극금속

음극방식의 갈바닉방법에서는 부식금속이 더 낮은 전위를 가진 다른 금속에 직접 연결된다. 그리하여 활성전위를 가진 금속은 갈바닉전지에서 희생양극으로서 작용하게 되고 부식금속(방식되어야 할 금속)은 음극이 되어 방식된다. 강재의 방식을 위한 양극금속으로는 Mg, Zn, Al 및 이들 금속 사이의 합금이 사용되고 있다. Cu방식에는 탄소강이 희생양극으로 사용되기도 한다.

어떤 금속을 더 낮은 전위를 가진 다른 금속으로 피복시키는 것도 갈바닉 음극방식의 한 방법이며, 가장 많이 사용되는 대표적인 것으로는 강재의 갈바나이징(galvanizing)이다. 전해음극방식을 위한 불용성 양극의 선택에는 많은 어려움이 있다. 전해전지에서 양극으로 연결될 경우 완전한 불용성을 나타내는 금속은 사실상 존재하지 않기 때문이다.

> **Check point!**
>
> **양극금속**
>
> 어떤 금속을 더 낮은 전위를 가진 다른 금속으로 피복시키는 것도 갈바닉 음극방식의 한 방법이며, 대표적인 것으로는 강재의 갈바나이징이 있다.

(4) 음극방식의 기준

그림 5-2는 수소발생형 부식에 대한 음극방식을 나타낸 것이다. 음극분극곡선을 금속의 평형전위값으로 외삽(extrapolation)시켜서 그 값에 해당되는 방식전류 $i_{protection}$을 흐르게 하면 완전한 방식이 이루어질 수 있다. 여기서 알 수 있듯이 방식전류

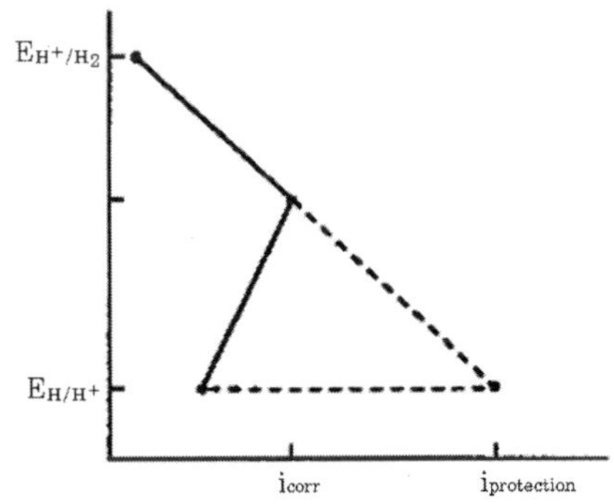

그림 5-2. 수소발생형 부식인 경우의 음극방식

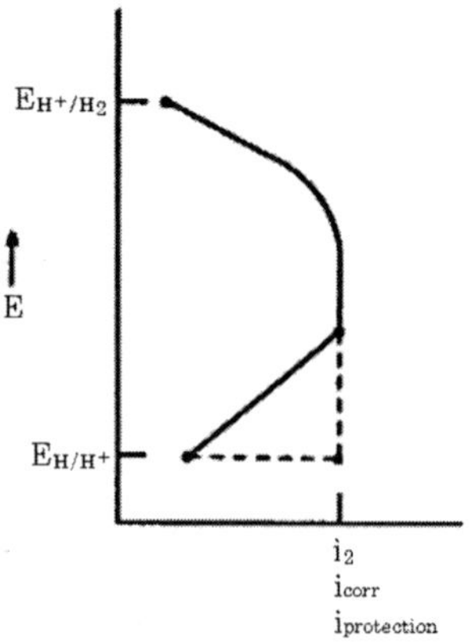

그림 5-3. 산소환원형 부식인 경우의 음극방식

$i_{protection}$은 금속의 부식전류 i_{corr}보다 훨씬 크다. 이런 경우 수소발생 속도는 매우 클 것이고, 보호막이 떨어져나가는 결과를 초래할 수 있다.

한편, 그림 5-3은 한계전류밀도 iL을 가진 산소환원형 부식에 있어서의 음극방식을 나타낸 것이다. 이러한 경우 이론적으로는 방식전류와 부식전류의 크기가 동일하다. 그러나 실제로는 부식전류보다 약 20% 정도 큰 방식전류를 흐르게 하면 완전한 방식이 이루어질 수 있다. 실온의 중성용액에 있어서 방식전류의 평균값은 강의 경우 $100mA/m^2$이다. 그리고 피복시킨 강의 경우에는 $5mA/m^2$이며, 애노다이징(anodizing)한 Al의 경우 $0.01mA/m^2$이 된다.

강산성용액 또는 높은 온도에서는 더 큰 방식전류가 필요할 것이다. 실제 사용상의 기준으로서 전류밀도를 사용하는 것보다 금속의 전위를 사용하는 것이 더 편리하다. 음극분극에 의해 금속의 전위를 그 양극반응의 평형전위보다 더 낮은 값으로 감소시키면 열역학적으로 양극반응이 발생하지 않을 것이라는 사실을 쉽게 알 수 있다.

Check point!

음극방식 기준

분극에 의해 금속의 전위를 그 양극반응의 평형전위보다 더 낮은 값으로 감소시키면 열역학적으로 양극반응이 발생하지 않는 것을 알 수 있다.

담수, 해수, 흙 등에 노출된 철강구조물의 경우 −0.85volt($CuSO_4$/Cu 전극)의 전위까지 분극시키면 음극보호된다. 이론적으로 구한 금속의 방식전위를 표 5-1에 나타내었다.

표 5-1. 이론적으로 구한 금속의 음극방식 전위

pH / 금속	0	7	14	pH / 금속	0	7	14
Ag	+0.44	+0.44	+0.32	Sn	−0.31	−0.51	−1.10
Cu	+0.14	+0.04	−0.38	Zn	−0.95	+0.95	−1.38
Pb	−0.31	−0.31	−0.74	Mg	−1.78	−1.97	−2.40
Ni	−0.42	−0.12	−0.72	Al	−2.54	−2.54	−2.73
Fe	−0.62	−0.82	−0.94				

그러나 실제로는 이 값까지 분극시키지 않아도 방식되는 경우가 많다. 철강구조물의 경우 음극보호하기 위해서는 약 −0.53volt(NHE, 이것은 $CuSO_4$/Cu 전극에 대해서는 −0.85volt에 해당됨)의 분극이 필요한데 이론적으로 구해지는 값은 이보다 약간 낮은 −0.62V (NHE)가 된다.

2) 양극방식(Anodic Protectlon)

양극방식은 금속을 더운 anodic하게 만드는 방향으로 전류를 부과하여 금속을 부동태화하는 것이다. 양극방식은 1954년에 처음 제안되었으며, 약 10년 전까지는 단지 연구실에서 호기심을 갖고 실험하였다. 이 양극방식을 나타내는 금속 및 합금에만 적용할 수 있어 지금까지 철, 스테인리스, 티타늄, 알루미늄 등에 사용되고 있다. 양극방식 역시 음극방식과 마찬가지이고 부식매질은 반드시 전해질이어야만 한다. 또한 양극방식 역시 갈바닉 양극방식과 전해 양극방식으로 나누어진다.

> **Check point!**
> **양극방식**
> 양극방식은 금속을 더운 anodic하게 만드는 방향으로 전류를 부과하여 금속을 부동태화하는 것이다.

(1) 갈바닉(Galvanic)양극방식

갈바닉양극방식은 부식금속이 더 귀전위를 가진 다른 금속에 의해 합금되거나 피복됨으로써 가능해진다. 대부분의 경우 이는 부식속도를 오히려 더 촉진시키게 된다. 그러나 만일 부식금속이 부동태화될 수 있고, 또한 전해액이 부동태화에 유리한 조건이라면 더 귀전위를 가진 금속과 쌍을 이룰 경우 부동태가 더욱 촉진될 수 있다. 스테인리스강의 경우 0.1%의 Pb 또는 1%의 Cu를 첨가하면 황산용액에서 부식속도가 크게 감소된다. Pb 또는 Cu가 소량 첨가되어 수소 발생에 대한 교환전류밀도가 $i_{(Oh)2(1)}$에서 $i_{(Oh)2(2)}$로 증가되고 수소과 전압이 크게 감소하게 되어 부동태화가 쉽게 이루어지고 부식속도는 $i_{(Oh)2(1)}$

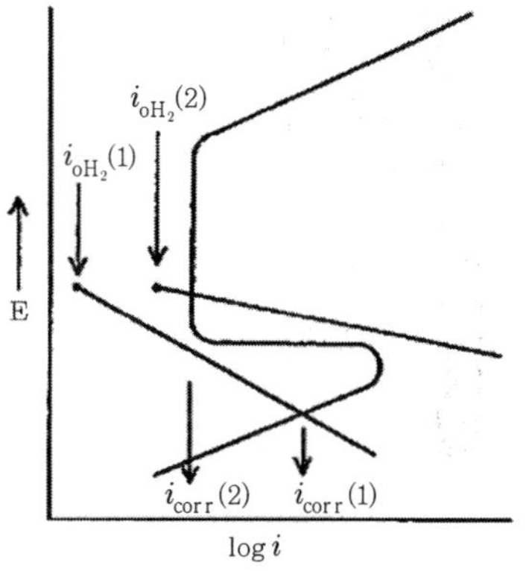

그림 5-4. Cu 및 Pb 첨가와 부식속도의 감소 (스테인리스강)

에서 $i_{(Oh)2(2)}$로 감소하게 된다. 스테인리스강에 이러한 귀금속을 얇게 피복시킴으로써 또는 황산용액에 Cu 및 Ag 등의 금속염을 소량 첨가하여도 그림 5-4와 같은 효과를 얻을 수 있다.

(2) 전해양극방식(Electrolytic Anodic Protection)

전해양극방식은 외부 양극전류에 의해 금속의 표면에 보호피막을 생성함으로써 부식을 방지 또는 감소시키는 방법이다. 전해방법에 의한 양극방식을 위해서는 정전압장치가 있어야 한다. 이 정전압장치에 의해 기준전극에 대한 금속의 전위를 일정하게 유지할 수 있다.

정전압장치는 3개의 단자를 가지고 있으며 각각 대상금속, 음극(예 : Pt전극), 그리고 기준전극에 연결되어 있다. 이 장치에 의해 대상금속과 기준전극 사이에 일정 전압이 유지되며 방식을 위한 적당한 전위값은 전기화학적 측정에 의해 결정된다.

이러한 양극 보호에 의해 부식속도는 크게 감소된다. 양극방식 적용이 부동태현상을 나타내는 금속 또는 합금에 제한되어 있지만 대부분의 모든 구조물이 이러한 부동태 금속 또는 합금으로 만들어져 있다는 사실을 생각한다면 양극방식의 적용에 대한 제한은 그리 문제되지 않는다.

5.4 표면처리

부식을 방지함과 동시에 미관을 위하여 대부분의 구조물에는 표면처리를 실시하고 있다. 본 절에서는 주로 콘크리트에 사용되는 표면처리방법으로 방식효과가 우수한 방법에 대하여 설명한다.

1) 방수제 사용

방수제를 이용한 방식공법으로는 액상의 피복재를 이용하는 것과 방수시트를 이용하는 방법이 있다. 양자 모두 콘크리트면에 직접 도포 또는 부착한다. 한편, 방수층 보호를 위해 마감재 및 누름재를 사용하여 보호조치를 취할 수 있다.

이때, 설치된 방수피복이 완전하면 염소이온은 구조물의 콘크리트 및 철근에 침투되지 못할 것이다. 이와 같이 방수피복을 이용하여 시공한 경우에 있어 성공한 사례도 많지만 실패 예도 적지 않다. 액상피복재는 콘크리트에서 발생하는 수분 및 가스로 인하여 기포가 발생하기 쉽고, 방수시트는 시공 중에 파손되기 쉽다.

이 경우 모두 염소이온의 침투를 저지하는 기능이 불충분하다. 이밖에도 누수 부위 발견이 어렵고, 보호재의 교체 시기에 방수피복을 재시공할 필요가 있다는 것이다. 한편, 콘크리트 표면에 적절한 표면피복재를 실링하여 산소 공급을 감소시키는 방법도 있다.

또한, 기상의 변화에 따라 발생하는 수분의 흡수와 발산을 감소시키고, 콘크리트 중의 수분량을 정상화시키는 방법도 고려할 수 있다. 다만, 이들은 피복재의 유지관리가 필요한데, 부분적으로 실링이 파손되는 것은 부식전지를 형성할 수 있기 때문이다.

Check point!

표면처리

부식을 방지함과 동시에 미관을 위하여 구조물에는 방수제, 입상수지 등의 공법으로 표면처리를 실시한다.

그림 5-5. 콘크리트 바닥의 방수제 시공 후 모습

2) 라텍스 첨가에 의한 오버레이

이 공법은 앞선 방수피복공법과 같이 콘크리트에서의 염소이온 침투를 방지하는 것이다. 콘크리트 모르타르 중에서 라텍스를 첨가하여 콘크리트 중의 미세한 균열과 공극을 실링하고, 오버레이 모르타르를 불투수성화하는 것이다. 한편, 이 공법은 콘크리트와의 부착 또는 오버레이 모르타르가 박편으로 박리되기 쉽다는 것과 가격이 높은 것이 문제점으로 지적된다.

3) 입상수지 콘크리트

입상수지 콘크리트를 이용한 공법은 콘크리트 배합시 입상수지를 혼합하는 것과 콘크리트경화, 양생 후 콘크리트를 가열하여 입상수지를 용해하고 콘크리트 중의 공극을 실링하는 것도 있다. 이는 염분용액에 대해 콘크리트를 불투수성화시키는 것이다.

이 공법의 중요한 결점은 입상수지를 용해하기 위한 가열장치가 고가이며, 그 시공이 곤란하다는 것이다.

4) 폴리머함침 콘크리트

입상수지 콘크리트와 마찬가지로 콘크리트 중의 공극을 충전시켜 불투수성으로 만든 것이며, 충전재로서 폴리머를 이용한다. 시공방법은 우선 콘크리트를 충분히 가열하고(370℃), 콘크리트 중의 수분을 증발시킨다. 계속하여 액상의 폴리머를 콘크리트 중의 공극에 침입할 수 있도록 가압한다. 그 후 액상의 모노머를 중합하여 폴리머가 되도록 고체화한다.

이러한 과정을 통해 콘크리트 중의 공극이 실링되어 강도가 증대하게 된다. 현재까지 이 공법은 실제 교량상판 등의 극히 작은 면적에 대하여 실험적으로 이용되고 있을 뿐이며, 화재 시에는 그 성능이 심하게 상실될 수 있다.

5.5 피복철근

1) 용융아연도금철근

용융아연도금철근은 표면에 형성되어 있는 아연의 치밀한 보호피막과 음극방식작용에 의해 우수한 내식성을 가지고 있다.

예를 들면 콘크리트에 균열이 발생하고 철근이 외기에 노출되는 경우 또는 골재에 염분을 함유한 해사가 사용되는 경우에도 우수한 내식성의 철근콘크리트를 제조할 수 있다.

용융아연도금철근의 피막은 철근과 콘크리트와의 부착강도는 흑피철근(비도금)의 경우에 비해 크게 떨어지지 않는다.

오히려 장기재령에 있어서 부착강도가 증가한다는 연구보고도 있다. 아연도금철근의 품질은 외관, 아연부착량 균일성 및 밀착성에 의해 좌우된다. 아연도금철근을 해수 중에 직접 침지하는 시험은 침지시간이 장기간 소요되고 내식속도가 늦은 경향이 있다.

이는 해수 중에 함유되어 있는 마그네슘염, 칼슘염 등이 철근의 피막에 생성되어 보호작용을 일으키기 때문이다. 침지시간과 부식속도의 관계를 표 5-2에 나타내었다. 콘크리트는 pH12의 상태에 놓여 있기 때문에 나철근은 부동태 상태에 있지만 장기간의 시간이 경과하면 콘크리트가 중성화되면서 철근은 보호조건을 상실하게 된다.

또한, 최근의 강모래 부족으로 콘크리트 배합시 해사를 사용하는 경우가 증가하면서 염화물이 고농도로 함유된 콘크리트는 중성화와 무관하게 pH12의 상태에서도 조기에 철근 부식이 발생한다. 그러나 아연도금철근은 아연피막에 보호되어 부식이 발생하지 않는다.

Check point!

용융아연도금철근

용융아연도금철근은 표면에 형성되어 있는 아연의 치밀한 보호피막과 음극방식작용에 의해 우수한 내식성을 가지고 있다.

그림 5-6. 용융아연도금철근

표 5-2. ASTM의 시험결과(아연도금철근의 해수 중 침지시험)

침지시간 (년)	부식속도	
	g/m^4	μm/년
0.5	345	48
1.0	160	22
3.5	110	15
5.0	90	13

Check point!

에폭시도장철근

콘크리트의 방식공법에서 실용적인 방법 중 하나로 분말 에폭시 수지를 철근에 부착시켜 내식피막을 형성하여 에폭시 수지로 피복하는 방법이다.

그림 5-7. 에폭시 도장 철근

2) 에폭시도장철근

현재 연구되고 있는 콘크리트의 방식공법에서 실용적인 방법 중 하나로 철근을 에폭시 수지로 피복하는 방법이 있다.

이 방식공법은 분말 에폭시 수지를 철근에 부착시켜 내식피막을 형성한다. 에폭시 수지는 불활성이기 때문에 내식피복은 통상 교량의 설계, 내구년수라고 전해지고 있는 50년이나 그 이상의 내구성을 가진다.

에폭시 도장 철근이 최초에 펜실베이니아주에서 설제 교량 상판에 이용된 1973년 이후 일본에서는 다수의 교량 상판에 에폭시 도장 철근이 이용된다.

특히, 여러 도막재료를 사용한 장기간 폭로시험 등의 결과를 살펴보면, 현시점에서 사용성 및 경제성이 확보된 상태에서의 도막재료로는 가장 우수한 방청성능을 가진 것으로 보고되고 있다. 인위적으로 조성된 극심한 염해환경하에서는 에폭시도장철근 역시 에폭시도막 아래의 철근 부식이 관찰되고 이에 따른 도막 부위의 박리 및 균열이 보고되고 있지만 실제적인 사용환경에서 큰 무리가 없다.

에폭시도장철근의 부착 특성을 실험적으로 규명한 결과 에폭시도장두께의 변화에 따라 부착강도가 변화하지만 도장두께 0.15mm의 경우에는 부착강도가 10~25% 정도 감소되는 것으로 보고되고 있다. 현재 국내의 경우 에폭시도장철근의 제조, 설계 및 시공에 대한 지침이 제정되었고, 철근의 부식이 우려되는 해양구조물에의 실제적인 적용이 이루어진다.

참고문헌

1. 철근부식 진단, 이종득, 1996.
2. pourbaizx, M.: Corrosion Science, Vol.14, p.25, 1974.
3. Hausmann,D.A.L Materials Protection, Vol.6, No.11, p.19, 1967.
4. Gouda, V.k.: British Corrosion Journal, Vol.5, p.198, 204, 1967.
5. Hausmann, D.a.: Materials Protecrion, Vol.8, No.10, p.23, 1969.
6. Szilard, R. and Wallwvik, O.: ACI Pub. SP-49, p.47, 1975.
7. Miller, R.L., Hartt, W.H. and Brown, R.p.: Materials Performance, Vol.15, No.5, p.20, 1976.
8. Boyd, W.K. and Triple, A.B.: Materials Protection; Vol.7, No.10, p.40, 1968.
9. ACI Committee 555: ACI Jounal, Jan.-Feb., p.11, 1985.
10. Grimes, W.D. Hartt, W.H. and Turner, D.H.: Corrosin, Vol.35, p.309, 1979.
11. Parkins, R.N.: Corrosin Science, Vol.22, p.379, 1982.
12. Monfore, G.E. and Verbeack, G.J.: ACI Journal, Proceedings, Vol.57, No.5, p.491, 1980.
13. Browne, R.D., Doyle, V.J. and Papworth, F.: Inspection of Concrete Offshore Structures, Journal of Petroleum Technology, November, pp.2243~2251, 1981.
14. Browne, R.D.: Mechanisms of Corrosion of Steel in Concrete in Relation to Design, Inspection an Repair of Offshore and Coastal Structure, ACI SP-65, p.179, 1980.
15. Koelliller: Mathod for Microscopoc Observation of Corrosion Layers on Concrete and Mortar, Cement and Concrete Research 15, pp.100~104, 1985.
16. DEBATE:Creack width, cover and corrosin, CONCRETE INTERNATIONAL, pp.20~35, May 1985.
17. Browne, R.D. Mechnisms of Corrosion of Steel in Concrete in Realtion to Design, Inspection and Repair of Offshore and Coastal Structures. ACI SP-65, pp.169~204, 1980.
18. Misawa, T., Hashimoto, K. and Shimodaira, S.: The Mechanism of Formation of Iron Oxide and Oxyhydroxides in Aqeueous Solutions at Room Temperatur, Corrosin Science, Vol.14, pp.131~149, 1974.
19. Oranowska, H. and Szklarska-Smialowska, A.: An Electrochemical and Ellipsometric Investigation of Surface Films Grown on Iron in saturated Calcium Hydroxide Solutions with or without chloride Ions.Corrosion Science, Vol.21, pp.735~747, 1981.
20. Dawon, J.L.: Cprrpsion Monitoring of Steel in Concrete;Crane, A.P. ed.,Corrosion of Reinforcement in Concrete Construction, p.175, Ellis horwood Ltd.,1983.
21. Mckenzie, S.G.: Techniques for Monitoring Corrosion of Steel in Concrete, Corrosion Prevention & Control, Vol.34, No.1, p.11, 1987.
22. Figg, J.W. and Marsden, A.F.: Development of Inspection Techniques for Reinforced Concrete, Offshore Technology Report OTH 84205, 1985.
23. Stratful, R.F.: The Corrosion of Steel in Reinforced Concrete Bridge, Corrosion, Vol.13, p.173, 1957.
24. ASTM C-876: Standard Test Method for Half Cell Potentials of Reinforcing Steel in Concrete, 1980.

25. Locke, C.E. and Dehghanian, C.: Embeddable Reference Electrodes for Chloride Contaminated Concrete, Materials Performance, Vol.18, No.2, p.70, 1979.
26. Arup, H.: Copper/Copper Sulfate Half Cell Potentioals of Reinforcing Steel in Concrete, 1980.
27. 한국건설방식기술연구소, 부식과 방식
28. H. Leckie, H. Uhlig: J.Electrochem. Soc.113,1262(1966)
29. C.H. Samans: Corrosion, 20, 256t(1964)
30. E.E.Denhard: Corrosion, 16, 359t(1960)
31. D.W.Rice, R, J. Cappell, P.B.P.Phipps, P. peterson; in "Atmospheric Corrosion"ed H.A.Ailor, Wiley Interscience, p651(1982)
32. C.P, Larabee, K.S.Coburm ; Proc.2nd Intl. Congr.Met Corr.,p276(1961)
33. W.Whitman, R. Russell, V. Altieri: Ind.Eng.Chem.,16,665(1924)
34. H. Uhlig, D. Triadis, M. Stern: J.Electrochem. Soc., 102,59(1995)

철근콘크리트 부식 및 방식 실무

2017년 1월 5일 1판 1쇄 인쇄
2017년 1월 10일 1판 1쇄 발행

저 자 송 창 영
발행인 강 해 작
발행처 기 문 당
주 소 서울시 성동구 무학봉28길 4-1
전 화 02)2295-6171(代)~5
팩 스 02)2296-8188
출판등록 1976. 10. 7(1-44)
홈페이지 http://기문당
http://www.kimoondang.com
I S B N 978-89-6225-746-5 93540

정 가 13,000원